U0254554

Le Grand Roman
des Maths
De la Préhistoire à Nos Jours

万物
皆数

从史前时期到人工智能，
跨越千年的数学之旅

[法]米卡埃尔·洛奈 著
Mickaël Launay

孙佳雯 译

北京联合出版公司
Beijing United Publishing Co.,Ltd.
后浪

图书在版编目（CIP）数据

万物皆数：从史前时期到人工智能，跨越千年的数学之旅 / (法) 米卡埃尔·洛奈著；孙佳雯译. -- 北京：北京联合出版公司，2018.8（2024.8重印）

ISBN 978-7-5502-4918-9

Ⅰ.①万… Ⅱ.①米… ②孙… Ⅲ.①数字—普及读物 Ⅳ.①O1-49

中国版本图书馆CIP数据核字（2018）第130392号

北京市版权局著作权合同登记 图字：01-2018-4048

万物皆数：从史前时期到人工智能，跨越千年的数学之旅

作　者：［法］米卡埃尔·洛奈（Mickaël Launay）
译　者：孙佳雯
出 品 人：赵红仕
出版监制：刘　凯　马春华
选题策划：联合低音
责任编辑：闻　静
封面设计：奇文云海
内文排版：聯合書莊

关注联合低音

北京联合出版公司出版
（北京市西城区德外大街83号楼9层　　100088）
北京联合天畅文化传播公司发行
北京美图印务有限公司印刷　新华书店经销
字数181千字　880毫米×1230毫米　1/32　9.5印张
2018年8月第1版　2024年8月第24次印刷
ISBN 978-7-5502-4918-9
定价：68.00元

"啊，可我这人……我数学一直学得特别不好呢!"

对此，我都感到有点儿麻木了。这应该是我今天第十次听到这句话了。

然而，这位女士已经在我的摊位前面驻足了一刻钟，她挤在其他的路人中间，耐心地听着我介绍几何学的诸多美妙之处。正是在这个时候，她说出了上面那句话。

"所以，你平时都从事什么工作呀?"她问我道。

"我是个数学家。"

"啊，可我这人……我数学一直学得特别不好!"

"是吗? 可是，我刚才讲的那些，您似乎很感兴趣呀!"

"没错……但是，但是你讲的不是真正的数学呀……你讲的这些我都听得懂。"

好吧，这可真是意想不到的回答啊。所以，数学的定义难道是一门我们无法理解的学科？

这是 8 月初的一天，法国拉弗洛特市镇的菲利福尔林荫大道——自由集市所在的地方。在今天这个小小的夏季集市上，我右边是个用散沫花绘制文身和编非洲脏辫的摊位，左边是个卖移动手机配件的摊位，而对面则是一排卖珠宝首饰和各种小玩意儿的。我的数学摊位就在它们中间。仲夏夜微风清凉，度假的人们闲适漫步。我有个恶趣味，就是特别喜欢在一些莫名其妙的地方"搞数学"。因为人们在这样的地方"没有一点点防备，也没有一丝顾虑"……

"我一定会告诉我爸妈，我居然在度假的时候搞数学了！"一位刚从海滩回来，路过我的摊位的中学生这样对我说。

这话也没错，我的确是对观众们耍了点小诈，但这也是必须付出的代价。这是恶趣味的我最享受的时刻。我就是超喜欢带着人们若无其事地搞上一刻钟数学，然后告诉声称自己"数学非常不好"的他们，"老铁，刚才我们搞的就是数学哟"，并且观察他们的各种尴尬反应！而且，我的摊位前面总是挤得满满当当！我会展示折纸、魔术、游戏、谜题……总之，无论男女老少，总有一款适合您。

可惜，我的自得其乐只是表面上的，在内心深处，我感到痛心和悲凉。我们怎么会不得不向人们隐瞒他们正在"搞数学"的事实，才能让他们充分享受到数学的乐趣呢？为什么人们对"数学"如此谈虎色变呢？有一件事儿是确定的，如果我在我的摊位前面也支上一个牌子，上面写着俩大字"数学"，就像我的邻居们摊位前支着的写有"首饰与项链""手机""文身"之类的牌子似的，那我的摊位一定瞬间门可罗雀。因为如果那样的话，人们是不会在我的摊位前驻足的，他们甚至会后退一步，转头看向其他的地方。

然而，好奇心却始终存在着，我每天都能遇见它。数学的确令人心生畏惧，可是它更令人心驰神往。我们不喜欢数学，可是我们希望能够喜欢上它。或者至少，我们希望自己能够朝那片名为"数学"的神秘迷雾投去冒失的一瞥。人们相信，这片迷雾中隐藏着无法抵达的神秘大陆。可是这不是真的。即使不是音乐家也能欣赏音乐，即使不是大厨也能好好地享用一餐饭。所以，我们为什么非得成为数学家，或者具有特别出众的"智慧"，才能学一点数学，才能让代数或者几何的美挑逗我们的心灵呢？其实我们并不需要知道所有的技术细节，就能够理解那些伟大的想法，并且感受到它们带来的震撼。

自从上古时期以来，有很多的艺术家、创作者、发明家、匠人，或者只是单纯的梦想家和好奇者，他们都在无意中踏入了数学的领地。他们是不自觉的数学家。他们是人类历史上最早的提问者，最早的研究者，最早的头脑风暴践行者。如果我们想了解数学到底是什么，就必须追随他们的脚步，因为一切正是因为他们而起。

所以，现在是时候开始一场时空旅行了。如果你愿意，请让我带领你，翻阅这本书，回顾人类历史上最不可思议、最迷人的学科——数学——穿越历史时空发展至今的曲折历程。让我们去认识那些通过意外发现和奇思妙想而创造了历史的人们吧。

让我们一起打开这一卷厚重的数学史话。

目　录

第一章

不自觉的
数学家

　　回到巴黎，我决定从位于城市中心位置的卢浮宫博物馆开始我们的征程。在卢浮宫搞数学？这看上去可能不太搭调。这座曾经的皇家宫殿、如今的博物馆，看上去是画家、雕塑家、考古学家或者历史学家的领地，总之不会是数学家。然而，我们就是要在这里重新建立一种新的"第一印象"。

　　来到卢浮宫，我看到了屹立于拿破仑庭院中心巨大的玻璃金字塔，这似乎就是一封来自几何学的请柬。但是今天，我和更古老的上古时代有个约会。我走进博物馆，时间机器正式开启。我从法兰西的国王们面前逐一经过，又掠过文艺复兴时期和中世纪，最后回到了遥远的古希腊时代。一个展厅接着一个展厅，我看见了古罗马时期的雕塑、古希腊花瓶和古埃及的石棺。我还要再回到更久远的过去，于是，我终于进入了史前史时期。后退了这么多个世纪，我必须逐渐忘掉所有的事情。忘掉数字，忘掉几何学，忘掉文字。在最初的最初，没有人知道任何事情，也没有什么东西是需要被知道的。

首先，让我们回到 1 万年前，驻足于美索不达米亚。

其实仔细想想，我应该还能回到更久远的过去。让我再继续后退，退回 150 万年前，回到旧石器时代的初期。在这个阶段，原始人类还没有学会用火，所谓的"智人"根本还是天方夜谭。此时的世界由亚洲和非洲的直立人统治，或许还有一些尚未被考古发现的直立人的亲戚。这是石器的时代，"手斧"正流行。

在营地的一个角落里，琢磨匠人们正在工作。其中一人拿起了一块没有被打磨过的燧石，是他几小时之前收集起来的。他坐在地上（可能是盘腿而坐），将这块燧石放在地面上，一只手固定住这块燧石，另一只手握住另一块大质量的石头，用它敲击燧石的边缘，一块碎片应声而落。他看到了碎片，然后转了转手里的燧石，再次敲击另一侧的边缘，使燧石的边缘形成锋利的棱脊。剩下的就是在整个轮廓上重复操作了。在某些部位，燧石太厚或者太大了，所以需要削掉很大一块，来达到匠人最终想要实现的效果。

"手斧"形状的出现，既不是巧合，也不是灵光一闪。它是经过一代又一代古人的思考、琢磨、传承而最后实现的。我们发现了好几种不同类型的手斧，随着所处时期和发现地点的不同而有所区别。有一些是具有凸出尖端的水滴形；另外一些更浑圆的，看上去像是蛋形；还有一些几乎没有圆角，更接近等腰三角形。

旧石器时代初期的手斧

然而无论是哪种手斧，都有着一个共同点：对称。到底是因为这种几何构造的实用性，还是仅仅出于某种审美意图，促使我们的老祖宗们坚持使用这种构造呢？今天的我们很难弄清楚这一点。可以肯定的是，这种对称不可能是一个巧合。琢磨匠人应该预先设计好了自己的打磨计划，在完成手斧之前就考虑好了形状。对于要被打磨的燧石，他们在头脑中构建了一个抽象的形象。换句话说，他们在脑海中"搞数学"。

当这位琢磨匠人最终完成这个手斧之后，他会仔细观察这件新工具——伸直手臂，将手斧置于光线下，更好地观察它的轮廓，在某些锋利边缘处敲掉两三小块碎渣来完善手斧的形状，最终，他得到了一件满意的作品。这一刻，他的感受会是怎样的呢？他是否已经感觉到了这种由科学创造带来的巨大的喜悦之情？即从头脑中的一个抽象概念出发，理解和塑造外部的世界。不管怎样，抽象概念被发扬光大的时刻，此时还没有到来。这时还是实用主义大行其道的时期——手斧可以用来砍树、割肉、在毛皮上钻洞，以及挖地。

好吧，其实我们并不是要在这个问题上做进一步的研究。毕竟这些对于史前史的阐释看上去都太不靠谱，就让这些古老的时代在历史中继续沉睡吧，而我们则回到我们的冒险的真正起点：公元前 8000 年的美索不达米亚平原。

在新月沃土上，有一块区域，在未来我们将称其为伊拉克，此刻正在进行着新石器时代的革命。自古以来，人类就在这一地带定居。在北部高原，游牧民族成功地安定了下来。这个地区可以算作是所有最新发明的"实验室"。由未烧制加工的泥砖生坯搭建成的房屋形成了人类历史上的第一批村落，最有干劲儿的一批建造者甚至还盖起了小楼。此时的农业是一种先进的技术，温和的气候使得非人工灌溉的农作物的生长成为可能；动植物逐渐地被驯化；陶器的出现也正在萌芽之中。

嘿，好吧，那就让我们来聊一聊陶器吧！因为，虽然这一时期的很多证据都消失了，不可挽回地散佚在了时光的隧道中，但是考古学家们还是发掘出了数千件陶器：陶盆、花瓶、罐子、盘子、陶碗……在我周围的玻璃橱里，塞满了各种陶器。最古老的陶器可以追溯到 9000 年以前，从一个展厅到另一个展厅，好像有"小拇指"的小石子[1]引路一般，带领我们穿越若干个世纪。陶器形状各异，大小不一，它们的装饰、塑形、彩绘或者雕花也都不一样。有一些陶器有"脚"，有一些陶器有手柄。有的陶器完整，有的布满裂痕，有的碎裂，有的是重新修复的。有一些陶器，却只剩下一些零星的残片。

陶器是火的最初艺术品，随后才是青铜、铁和玻璃。使用黏土——这种具有可塑性的、能够在潮湿的地区大量获取的泥土，陶工能够随心所欲地塑造自己的作品。当陶工塑造出满意的形状之后，只需要将生坯风干几天，然后送入窑中烈火烧制，就能使整件陶器定型。人类掌握这种技术的时间已久。早在 2 万多年以前，人类已经在用这种方法烧制小型陶像。然而，直到近来，伴随着游牧民族的定居，人们才开始烧制日常生活中经常使用的陶器。新的生活方式需要存储

[1] 译注："小拇指"的故事是法国历史上口口相传的童话故事。1697 年，法国作家夏尔·佩罗整理了包括《小拇指》在内的一系列童话故事，包括《睡美人》《小红帽》《蓝胡子》《灰姑娘》等，组成了《鹅妈妈的故事》出版。在童话《小拇指》中，"小拇指"是樵夫家最小的孩子，出生时只有指头大小，被取名"小拇指"，后来他被家人遗弃，靠口袋里装的一把小石子在路上留下标记才走出了黑暗的森林。

的工具，于是人们烧制出了两臂环抱那么大直径的罐子！

这些陶土容器迅速成了日常生活的必需品，以及村庄集体组织的必要用品。接下来，人们开始制作各种耐用的餐具，不管造型好不好看。不久之后，陶器上出现了装饰；又过了一段时间，开始出现了不同的制作流派。有些匠人在陶器生坯还未风干的时候，用贝壳或者树枝在上面印刻花纹，然后再送入窑中烧制；有一些匠人先烧制风干的陶器，然后再用石器雕刻出花纹；还有一些匠人喜欢在陶器外侧刷上一层天然的染色涂料。

我一一走过东方古文物部分的展厅，由美索不达米亚人设计的、丰富的几何图形让我感到惊奇。正如我们的祖先用石头精心琢磨出手斧一样，这些对称性实在是太精巧了，不可能是未经过深思熟虑的随性之作。其中，花瓶边缘一周的"腰线"尤其引起了我的注意。

所谓"腰线"，就是一种带状的、围绕着整个罐子外侧一周的装饰花纹，表现为同一种纹样的不断重复。在所有常见的腰线中，有三角形锯齿状花纹，还有由相互缠绕的两条花纹构成的腰线，然后是人字交错的腰线、方形雉堞状的腰线，以及带尖斜方形、打了阴影线的三角形、同心圆……

当你从一个地区的展品看到另一个地区的展品，或者从一个时期看到另一个时期，你就能发现一些模式：有一些花纹非常流行，它们被不断地使用、变形，通过多种方式被改善。

然后，几个世纪过去，这些模式被"淘汰"了，被另外一些当时流行的花纹取代。

一路看下去，然后我作为数学家的灵魂被点亮了。我看到了对称、旋转、平移。然后在大脑中，我开始分类、整理。我多年来研究的几个定理浮现在脑海中，而我需要的，正是几何变换的分类。我拿出笔记本和铅笔开始涂抹起来。

首先，是几何图形的旋转。在我面前的，正好就是一条由"S"形花纹前后嵌套构成的腰线。我歪了一下脑袋，确认了一下。是的，没错，这是一个"倒转不变"的图案：如果我把这个水罐头朝下倒着放，腰线的花纹还是和之前一模一样。

其次，是对称性。这个腰线中，存在着好几种对称性。渐渐地，我完成了我的列表，"寻宝"正式开始。对于任意一种几何变换，我都会寻找与其对应的腰线。于是我在这些展厅之间走来走去。有一些陶器是损坏的，于是我眯着眼睛，试图在脑海中重构这些来自几千年前的陶器上绘制的花纹。当找到一个新的几何变换时，我就打一个钩，然后确认陶器制作的日期，试图重建一份陶器外观的年表。

最终我能发现多少种几何变换呢？经过一番思考，我成功地在脑海中找到了那个关于几何变换的著名定理，而我最终也找到了全部 7 种类型的腰线。7 组不同的几何变换可以让花纹保持不变。一种也不多，一种也不少。

当然了，美索不达米亚人并不知道这一点。因为很显然，问题中所涉及的原理要一直到文艺复兴时期才会被提出来！然而，无心插柳，他们甚至原本只是故意用一些和谐又新颖的花纹来装饰自己的陶器，然而这些上古时期的陶器制作者们其实已经开始构建一门美妙学科的最初论据，影响和激荡了几千年后的整个数学家群体。

而此时，我盯着手里的笔记本，几乎把 7 种几何变换都找全了。几乎？因为还有一种腰线我始终没有找到。我对此稍微有些期待，因为很显然，这种几何变换是列表当中最复杂的一种。我要寻找的是这样一种腰线，即如果我们将它水平翻转，它看上去和之前是一样的，只是所有花纹都向后错了半个身位。今天，我们称其为"滑移对称"。对于我们的美索不达米亚前辈们来说，这可真是个不小的挑战！

然而，我还远远没有逛完所有的展厅，所以还远不到丧失信心的时候。我继续耐心寻找，观察每一个细节，琢磨每一条线索。我之前已经观察到的另外 6 种类型，一次次地重复出现。在我的笔记本上，日期、简图和其他涂鸦逐渐混作一堆。尽管如此，我依然没有发现第 7 种几何变换的蛛丝马迹。

突然，我感到肾上腺素在体内蹿升。在一扇玻璃窗后面，我看到了一块小得可怜的、简单的碎片。然而，从上到下，一共有四条腰线，虽然不完整，但是清晰可见，它们彼此重叠在一起。其中一条腰线突然引起了我的注意，这是从上往下数的第三条。它是由一组倾斜的长方形碎片构成的，彼此呈"人"字形交错相嵌。我眨了眨眼睛。经过仔细的观察，我迅速地在笔记本上勾勒出了这种花纹，似乎晚一秒钟这些花纹就会消失。几何学是正确的。这的确是一种滑移对称。第 7 种腰线终于初露峥嵘。

这件陶器碎片旁边的说明卡片上写道：平底大口杯碎片，上有直线与带尖斜方形构成的水平装饰花纹——公元前 4500 年左右。

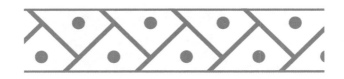

我将"公元前 4500 年左右"这个时间点放入脑海里的编年表中。当时的人类依然处于史前时期，但在文字被发明的1000 多年以前，美索不达米亚的陶器匠人们已经在无意中完成并展示了一个定理中所有被枚举出来的对象，而这个定理6000 年之后才会被论述和证明。

又过了几个展厅，我看见了一只三手柄陶罐，它的花纹也可以被归类到第 7 种几何变化中：即使花纹被螺旋旋转，其几何结构依然保持不变。在不远的地方，还有另外一个例子。我还想继续参观下去，但是突然场景变了，东方古文明的展览到此结束。如果继续朝前走，我就会进入古希腊展厅。我最后看了一眼笔记本，到此为止，滑移对称腰线的数量刚好凑满一只手的手指数。可真惊险哪（差点儿找不到）！

如何辨识 7 种类型的腰线？

第 1 种类型的腰线……没有什么特别的几何学特质。简单地说，就是没有对称或者中心旋转的、一直重复的花纹。这种类型尤其被应用在那些不是由几何图形构成，而是由形象的图画花纹——比如说动物——构成的腰线上。

第 2 种类型的腰线可以由一条水平线一分为二，上下对称，这条线即对称轴。

第 3 种类型的腰线具有垂直对称的轴线。因为这种腰线是由同一种花纹在水平方向上不断重复构成，垂直的对称轴线也相应地跟着不断重复。

第 4 种类型的腰线，如果旋转半周依然保持原状。无论你是正常地看这些腰线，还是大头朝下看这些腰线，看到的始终都是一个样子。

第 5 种类型的腰线，就是滑移对称的腰线。也就是我在美索不达米亚展区最后发现的腰线。如果你沿着水平方向（也就是第 2 类中的那种对称轴）将这种腰线翻转，得到的腰线与原来的相似，但是每个花纹都向后错了半个身位。

第 6 种和第 7 种类型的腰线对应的，并不是其他新类型的几何变换，而是结合了之前提到过的几种腰线的属性。因此，第 6 种类型的腰线，就是那些同时具有水平对称轴、垂直对称轴和半周旋转中心的腰线。

第 7 种类型的腰线，具有垂直对称性、中心对称性和滑移对称性。

值得注意的是，这些分类只与腰线的几何结构有关，不包括花纹的形状可能产生的变化。因此，下面的这些腰线，虽然各不相同，但都属于第 7 种类型的腰线。

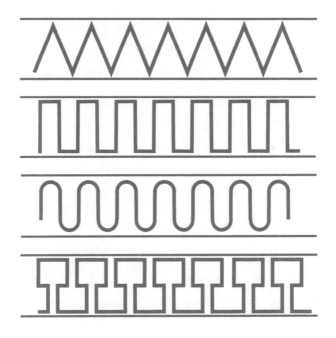

因此，所有我们能够想象出来的腰线，都属于以上七种类型之一，任何其他的组合在几何学上都是不可能的。奇怪的是，后两种类型的腰线是最常见的。人们似乎自然而然地感到，绘制具有多重对称性的图画比绘制对称性相对较少的图画要容易一些。

在美索不达米亚展厅的成功让我信心爆棚，于是我做好准备第二天杀回来再向古希腊的展厅发动"进攻"。可是第二天，我才刚刚走入古希腊展厅，就发现自己不知道该怎么办了。在古希腊展厅，搜索腰线的过程简直轻而易举。我只是稍微走了几步，浏览了几个橱窗，观察了几个黑底红纹的双耳尖底瓮，就已经找齐了名单上的 7 种腰线。

在这样丰富的资源面前，我很快就放弃了我那小小的统计——就是我之前在美索不达米亚展厅做的那种。古希腊艺术家们的创造力让我震撼，更复杂、更巧妙的新花纹不断地涌现。有好几次，我不得不停下脚步，集中精神观察，好在头脑中解开这一团围绕在我四周的、拧在一起的"乱麻"。

在房间的一角，一只绘有红色纹样的双耳长颈高瓶惊艳得让我说不出话来。

所谓的双耳长颈高瓶，就是一种长长的水瓶，有两个把手，它的作用是运送洗澡水，所以差不多有一米来高。瓶身上画满了腰线，于是我开始按照类型来给它们分类。1、2、3、4、5……在几秒钟之内，我就确定了 7 种腰线类型中的 5 种。瓶子是靠墙放着的，但是我俯身过去仔细观察，能够看见在靠墙一侧的瓶身上绘制了第 6 种类型的腰线。现在只缺一种了，如果能找到，那就太完美了。出乎意料的是，缺少的那一种并不是昨天我差点儿没找到的那种腰线。时代变了，流行趋势也变了，我没找到的类型不是滑移对称，而是垂直对称、中心对称和滑移对称三者结合的那种。

　　我疯狂地寻找，仔细观察着这只水瓶的每一个角度，没有找到。我有点儿失望，就在快要放弃的时候，我的目光落在了一处细节上。瓶身的中间部分绘制了两个人物之间的场景，打眼一看，这个地方似乎并没有腰线。然而，在这幅画的正下方，我注意到了这个：在这两个中央人物的下方，绘制着一只水瓶——一只绘制在水瓶上的水瓶！这种画中画的嵌套让我不由得露出微笑。于是我眯起眼睛仔细观察，"瓶上瓶"的形象有些模糊，然而毫无疑问，这只绘制在水瓶上的水瓶身上也有一条腰线，并且奇迹般地，正是我没有找到的第 7 种！

　　尽管一再努力，但是我没有找到另外一件像这只水瓶一样花纹特殊的陶器。这只双耳长颈高瓶似乎是卢浮宫的同类藏品中独一无二的：只有在它身上，出现了全部 7 种类型的腰线。

　　而在不远的地方，另一个惊喜正等待着我。三维立体腰线！此前，我一直以为，立体透视效果是文艺复兴时期的发明。艺术家巧妙地通过绘制出阴影区和光亮区实现光与影的游戏，给围绕在巨大陶器的圆周之上的几何形状提供了一种立体效果。

　　我越往前走，就遇到了越多的问题。有一些陶器上，出现的不是"腰线"，而是"密铺"（即平面填充）。换句话说，几何形状不再仅仅是形成一条细细的"腰线"环绕陶器一周，而是遍布整个陶器的外部表面，因此，几何组合的可能性也就成倍增长了。

在古希腊展厅之后，是古埃及展厅、古伊特鲁里亚展厅和古罗马展厅。在这里，我发现了石头雕刻的梦幻花纹。石头上的纹路彼此交织，上上下下相互穿插，形成了一张完美的、规则的网络。然后，好像怎么也看不够似的，我很快发现自己居然在观察卢浮宫本身。它的天花板，它的方砖贴面，它的门框……一直到回家的路上，我还感觉自己根本停不下来。在街上，我一路观察建筑物的阳台、路过行人衣服上的花纹、地铁走廊里的墙壁……

只要改变自己看世界的眼光，数学就会在你眼前出现。寻找数学是迷人的、永无止境的过程。

而我们的冒险，才刚刚开始。

第二章

数字的形成

　　与此同时，在美索不达米亚，一切欣欣向荣。在公元前4千纪末期，那些小小的村庄逐渐发展为繁荣兴旺的城市。这时，有一些城市甚至已经有了数万的人口！工艺技术也进入了史无前例的飞速发展阶段。不论是建筑师、金银匠、制陶工、织布工、木匠还是雕刻师，都必须不断地推陈出新、展露天赋，才能迎接他们所面临的技术挑战。彼时，冶金业还没有得到完全的发展，不过人们已经开始了一些尝试。

　　逐渐地，在整个美索不达米亚地区，城市之间的道路开始形成交通网络；文化与商业交流也日益增多；越来越复杂的等级制度被建立起来，智人们发现了行政管理的乐趣。所有这一切，都需要一个神圣的组织！为了实现一定的秩序，对于我们智人来说，是时候发明书写了，因为有了文字，智人才走进了历史。而在这一伟大革命酝酿之际，数学将发挥其先锋的作用。

随着幼发拉底河一路奔腾向前，我们离开了见证人类历史上第一批定居村庄诞生的美索不达米亚北部高原，朝着位于美索不达米亚平原地区的苏美尔文明的方向进发，这里——美索不达米亚南部大草原上——汇集了主要的人口中心。沿着幼发拉底河，我们穿越了基什城邦、尼普尔城邦和舒鲁帕克城邦。这些城市都还很年轻，但是在未来的几个世纪中，伟大与繁荣的承诺将在前方等着它们。

随后，突然，乌鲁克城出现在了地平线上。

乌鲁克城是一个熙熙攘攘、人口密集的地方，它的声望和权力照亮了整个西亚地区。城市主要由经过烧制的土砖建筑而成，远远望去，仿佛巨大的橘色身影笼罩在超过 100 公顷的地面上，迷路的散步者能在四通八达的阡陌小巷中转悠好几个小时。在城邦的中心，矗立着几座壮观的庙宇。人们在那里祭拜众神之父——安神[1]，尤其是伊南娜[2]——天空女王，人们正是为了她修建了伊南娜神庙（天之屋），其中最大

---

[1] 译注：安努（阿卡德语：Anu），或称安（苏美尔语：An），是美索不达米亚神话中的天神，为众神之首，也是乌鲁克城的守护神。

[2] 译注：伊南娜（Inanna）是苏美尔神话系统中的"圣女""天之女主人"，也是金星的代表神，和希腊神话系统的爱与美之女神阿佛洛狄忒是同一位，在苏美尔神话系统里也被认为与战争有关。

的建筑物长达 80 米、宽 30 米。路过的游客们看到此景无不叹为观止。

夏季即将到来，像往年一样，这个时候，一种特殊的兴奋之情笼罩着整座城市。就在几天之后，羊群将前往北部的牧区，直到炎热的季节结束之后才会重新返回。在长达几个月的时间内，牧羊人们将负责看护牲畜，保证它们的生存给养和安全，以便在夏季结束之后，将它们完完整整地带回来归还给主人。伊南娜神庙就拥有好几群羊，其中最大的一群大概有几万只。运输羊群的车队规模十分庞大，以至于有时候需要一些士兵的陪同，以保护运输队伍的安全。

然而，对于羊群的主人们来说，这并不意味着万事大吉、万无一失了，他们必须得做一些防范才行。与牧羊人的合同内容很明确：牧羊人必须保证，带出去多少只羊，带回来也要多少只羊。主人不会允许牧羊人让羊群部分走失，或者用羊和其他什么人进行秘密交换。

于是，问题来了：如何比较羊群离开时和回来时之间的大小关系呢？

为了回答这个问题，在过去的几个世纪里，人类发明了一种黏土筹码系统。这个系统包括多种类型的筹码，根据形状和花纹的不同，每一种筹码对应一个或者几个物品或者动物。比如，一个简单的圆盘，在上面画一个十字标记，就表示一只羊。在牧羊人带着牲畜离开的时候，主人向收据桶里投掷一定数量的筹码，正好对应牲畜群的规模大小。等到牧羊人带着牲畜回来的时候，只需要对比收据桶里的筹码，主人就能确定所有的牲畜是否都顺利归来了。很久很久以后，这些筹码获得了一个拉丁语的名字——calculi，意思是"小石头"，正是在这个词根的基础上，衍生出了"计算"（calcul）一词。

这种方法方便是方便，却有一个缺陷——谁来看管这些筹码呢？由于双方互不信任，牧羊人非常担心在自己带着牲畜离开期间，无良老板擅自在收据桶中增加筹码数量，并很有可能借机要求赔偿那些根本不曾存在过的羊！

于是，人们绞尽脑汁，终于找到了一个解决的办法。筹码会被封存在一个中空的、密封的黏土球中。一旦合上了黏土球，双方都会在"球状信封"的表面上签名，以证明其真实性。现在，只要不砸碎黏土球，就没有办法改变其中的筹码数量了。牧羊人可以安安心心地上路了。

然而，这一次，羊群的主人又发现了这种方法的缺陷。出于商业活动的需要，他们有必要随时知道自己的牲畜数量，但是怎么才能时时知道呢？在心中牢牢记住羊的数量吗？这并不容易做到，要知道，在当时的苏美尔语中，还没有能够表示这么大数字的单词。难道要给所有的密封"球状信封"做一个内含同样数量筹码但是不需要密封的备份吗？这实在很不方便。

人们终于又找到了一个解决方法。借助切割过的芦苇秆，人们在每个密封的"球状信封"表面画出了内部筹码的样子。于是，就能够在不破坏信封的前提下，随心所欲地阅读"信封"的内容。

　　当时看来，这种方法真是让所有人都皆大欢喜。它被广泛地运用，不但用来数羊，还用来密封各种协议。谷物（比如大麦或小麦）、羊毛、纺织品、金属、珠宝、宝石、油或者陶器也有了属于它们的筹码，即使是国王的税收也受到了筹码的控制。总之，在公元前 4 千纪结束时的乌鲁克城，任何类型的合同都必须由"球状信封"通过密封黏土筹码的方式建立。

　　所有的这一切都在良性运转中，然后突然有一天，一个绝妙的点子出现了。所谓"绝妙的点子"，就是又出色又简单，以至于人们不禁自问——为什么就没早点儿想到呢。既然牲畜的数量已经被刻画在了"球状信封"的表面，那我们为什么还要在内部封存筹码呢？我们为什么还要继续制作这种中空的球状信封呢？我们完全可以简简单单地把筹码的图像画在随便哪一块黏土板上嘛。比如，一块扁平的黏土板。

　　而这，就是我们所说的"书写"的起源。

　　我又回到了卢浮宫。东方古文物的藏品证实了这段历史。当看到这些"球状信封"的时候，首先让我感到震撼的，就是它们的大小。这些由苏美尔人围绕着大拇指捏出来的黏土小球几乎只有乒乓球那么大。至于内部的筹码，它们的直径则不超过 1 厘米。

离这些小球稍远的地方，展出了苏美尔人的第一批黏土板，黏土板的数量越来越多，很快占满了玻璃橱窗。渐渐地，书写变得越来越清晰，可以清楚地看到由小小的钉子形状凹槽构成的楔形文字。公元元年左右，在美索不达米亚平原上最初的人类文明消失之后的若干个世纪里，这些黏土板中的大部分都沉睡在被遗弃的城市废墟之下，一直到 17 世纪，才开始被来自欧洲的考古学者挖掘出来。直到 19 世纪，人们才逐渐破译了这种文字。

这些黏土板的个头也不是很大。有一些不过是名片大小，但是上面却写满了上百个微小的字符，一个挨着一个，好不拥挤。毫无疑问，美索不达米亚的誊写人在书写方面是很会节省黏土的！黏土板边上的说明卡片上写着这些神秘字符的含义，往往是关于牲畜、珠宝或者谷物的。

在我身边，有一些游客掏出他们的平板电脑[1]给这些黏土板拍照。历史滑稽地眨了眨眼，于是人类的书写工具也随之发生改变，从黏土到大理石、蜂蜡、纸莎草或羊皮纸，再到纸，仿佛历史还要再开又一个玩笑，于是人类发明了和祖先的黏土板形状一模一样的平板电脑。黏土板穿越时空和平

---

[1] 译注：在法语中，"黏土板"和"平板电脑"都是 tablette。

板电脑面对面的时候，总给人的内心带来一种特别的澎湃之情。又有谁知道，再过 5000 年，这些平板电脑会不会和黏土板你挨着我、我挨着你，一起被放进博物馆的玻璃橱窗里呢。

随着时间的流逝，我们现在来到了公元前 3 千纪初期。人类又在楔形文字的基础上前进了一步：数字从被计量的物体中解放了出来！此前，无论是"球状信封"还是最初的黏土板，计数符号都取决于被记数的对象。因为一只绵羊与一头母牛是不同的，所以数羊的符号和数牛的符号长得也不一样。每一种可能被记数的物体都有着属于自己的特别符号，就好像它们曾经有过不同的黏土筹码一样。

但是现在，这种情况结束了。数字已经获得了属于自己的符号。显然，为了表示 8 只羊，人们不再使用 8 个表示羊的符号，而是写一个数字 8，然后再画上一只羊的符号。为了表示 8 头牛，只要把羊的符号换成牛就好，而数字本身则保持不变。

这一步在人类的思想史上绝对是至关重要的。如果必须要为数学的诞生选定一个出生日期的话，我无疑会选择这一刻。正是在这一时刻，数字开始独立存在了，正是这一刻，数字从现实中被抽离出来，人们能够从更高层次观察数字。在此之前的漫长岁月，都不过是数学的酝酿期。手斧、腰线、筹码，都是人类为了数字诞生的这一刻所排练的序曲。

从此，数字具有了抽象性，而这正是数学的属性：数学是格外抽象的一门科学。被数学研究的对象从此不再具有物理属性。它们不是物质，它们不是由原子构成的，它们只是一些想法。然而，这些想法对于认识这个世界来说，却是相当有效的！

对数字书写的需求成为文字出现过程中至关重要的时刻，这绝对不是什么巧合。因为，如果说其他的想法可以毫不费力地口口相传，那么建立一个数字系统却恰恰相反——如果没有一个书写系统的话会很麻烦。

甚至直到今天，我们数数的方法难道不正是且只与数字的写法息息相关的吗？如果我请你想象一只绵羊，你会想到什么？你显然会在脑海中想到一只四蹄牲畜，披着毛茸茸的皮咩咩叫。你在脑海中不会想到"绵羊"两个大字的。然而，如果我现在让你想象一下数字128，你会想到什么呢？你的脑海中会不会浮现1、2、8三个字符，一个挨着一个，好像是你的大脑用想象中的墨水写出来的呢？当我们在脑海中想象巨大的数字的时候，毫无疑问，这些数字长得跟它们的写法一模一样。

这样的事情是前所未有的。对于其他的事物来说，书写只不过是表达一种誊抄之前口语中已经存在的内容的方式，而对于数字来说，是书写决定了语言。想想看，当你说出"一百二十八"的时候，你只是念出了128这个数字：100+20+8。当数字大到一定程度的时候，如果没有书写系统的支持，谈论数字的大小则不可能了。在文字书写诞生以前，人类语言中没有表示大数字的单词。

在我们这个时代，一些原住民的语言中，表达数字的词汇依然十分有限。比如对于皮拉罕部落的成员们——他们是生活在亚马孙河支流迈西河流域的狩猎采集者——来说，他们的语言中只有1和2两个数字，除此之外，他们会使用同一个词代表"若干"或者"很多"。同样是亚马孙河流域，蒙杜鲁库人表示数字的语言只有1到5，正好是一只手的手指数量。

在现代社会，数字已经侵入到了我们的日常生活中。数字已经无处不在、不可或缺，以至于我们常常忘记了数字的产生是一个多么伟大的想法，而我们的祖先花了数个世纪才为我们打造出这么宝贵的遗产。

古往今来，人类发明了很多种书写数字的方法，其中最简单的一种就是用画线的方式记录想要的数字。比如，如下图所示的挨在一起的短线。这种方法我们至今仍在使用，比如计算游戏得分的时候。

已知最早的对于画线记数的使用，可能要追溯到苏美尔人发明楔形文字的书写之前。20世纪50年代，人们在如今的刚果民主共和国境内的爱德华湖附近发现的"伊尚戈骨"，可以追溯到大约2万年以前！这些"伊尚戈骨"长度在10～14厘米之间，上面布满了均匀分布的刻痕。这些刻痕的作用是什么呢？或许这是人类历史上第一个记数系统吧。一些人认为这些骨头是一种日历，而另外一些人认为这是一种非常先进的算术知识。如今的我们已经很难确切地知道它们的作用到底是什么了。目前这两块骨头收藏在位于比利时布鲁塞尔的自然科学博物馆中。

这种"每增加一个单位就多刻一条线"的记数方法很快就显得捉襟见肘，因为它不能处理相对较大的数字。为了更快地记数，人们开始画圈！

美索不达米亚人的黏土筹码已经能够表达不同的度量单位。比如，有一种特殊的筹码用来表示10只羊。因此，当书写被发明的时候，这一原则也被保留了下来。人们同样还发现了用来表示10、60、600、3600和36 000的符号。

我们能够注意到，古人们在创造这些符号的时候试图寻

找某种逻辑。比如，600（60×10）或者 36 000（3600×10），人们就在相应的符号内部多画一个圈。随着楔形文字被发明出来，最初的数字符号也开始逐渐转变。

由于靠近美索不达米亚地区，不久之后，埃及将会在美索不达米亚地区的楔形文字的基础上，从公元前 3 千纪初期开始，发展出属于自己文明的记数系统。

这个系统看上去是纯十进制的：每一个符号代表的数字都是前一个符号的十倍。

这些只需要规定书写符号所代表的数值的加法系统，将会在全世界范围内取得巨大的成功，并且产生无数种变形，从古希腊时期一直延续到中世纪的大部分时期。尤其是古希腊人和罗马人对这些系统的使用——他们会用自己语言中的字母分别表示数字符号。

面对加法系统，一种新的记数模式即将浮出水面，即位置记数法。在这种模式中，一个符号的数值开始取决于它在数字中所占据的位置。再一次地，又是美索不达米亚人引领了时代的潮流。

公元前2000年左右，正是古巴比伦雄霸西亚地区的时候。楔形文字依然经常被使用，但是这个时候的人们使用的楔形文字只剩下如下这两个符号了：代表1的钉头形和代表10的尖头形。

1   10

通过加法，这两个符号能够表示一直到59的数字。比如，数字32就由三个尖头形和两个钉头形构成。

32

然后，从60起，人们开始使用符号组，记录60的符号组也是由之前使用过的符号构成的。因此，在古巴比伦的记数系统中，人们使用的标记方法和我们当今使用的方法相同，最右边的数字代表个位，然后是十位、百位，读取数字时先读个位，然后是六十位，然后是三千六百位（也就是六十乘以六十），每一位的数值都是上一位的六十倍。

举例来说，数字 145 由两个 60 构成 120，然后再加 25 个单位。古巴比伦人是这样表示这个数字的：

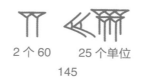

2 个 60　　25 个单位

145

多亏了这个计数系统，古巴比伦学者将创造无与伦比的先进知识。他们当然懂得四种基本运算法则——加、减、乘、除，他们还知道平方根、乘方和倒数；他们发展出了非常全面的运算表格，甚至还列出方程，并且找到了非常巧妙的解法。然而，所有这些知识都将很快被忘记。古巴比伦文明进入了衰退期，很大一部分先进的数学知识遭到了遗忘。位置记数法被遗忘了，方程被遗忘了。一直到若干个世纪之后，这些数学问题才重新被人们提上发展议程，而一直到公元 19 世纪，由于对楔形文字的成功破译，人们才知道，美索不达米亚人早已经超越了时代。

在古巴比伦人之后，玛雅人也发明了一种位置记数系统，但却是 20 进制的。然后，古代印度人发明了十进制的记数方法。这种记数法将会被阿拉伯学者重新使用，然后在中世纪的末期传入欧洲。在欧洲，这些符号被称为"阿拉伯数字"，并很快就在全世界范围内普及开来。

0 1 2 3 4 5 6 7 8 9

有了数字，人类逐渐地明白了，他们发明了一种工具，借助这种工具，他们就能够书写、分析和理解周围的世界。

有的时候，我们实在太为数字的发明而骄傲，因此会做出一些"出格"的事儿。数字的诞生，同样也是多种"数秘术"实践的诞生。人们给数字赋予了魔法的特性，用不合理的方式解释数字，试图从数字中读出上帝的旨意和世界的命运。

公元前 6 世纪的时候，毕达哥拉斯在数字的基础上形成了他的基本哲学概念。这位古希腊先哲说："一切皆数。"在他看来，几何图形正是从数字中衍生出来的，反过来，几何图形又产生了四种物质元素——火、水、土和空气，这四种元素构成了一切生命。因此，毕达哥拉斯创建了一个完全依靠数字的系统。奇数被认为是阳性（男性）的，偶数被认为是阴性（女性）的。数字 10 由一个被称为"圣十结构"的三角形表示，成为宇宙和谐与完美的象征。毕达哥拉斯学派同样也发展出了数字占卜，声称通过分析构成姓名的字母的数目，就能够分析出一个人的性格特征。

与此同时，人们开始讨论数字究竟是一种什么样的存在。一些人认为，1 不是数字，因为所谓数字是为了复数的存在而存在的，因此从 2 开始才是数字。人们甚至进一步推论说，为了能够生成所有其他的数字，1 必须既是奇数又是偶数。

不久之后，出现了零、负数，甚至虚数，它们将引发人们更加热烈的讨论。每一次，当新的观念进入旧有的记数系统时，都将引发争论，迫使数学家们不断地扩大他们的概念领域。

总之，数字发展的事业未竟，人们依然需要时间来学习、掌握这些从他们自己的头脑中产生出来的奇怪创造物。

第三章

不习几何者
不得入内

　　数字被发明了出来，数学在不久之后也将面临学科分支的出现。在数学领域，有很多分支，诸如算术学、逻辑学或者代数学，将会一点点萌芽，直到趋于成熟，成为一门独当一面的独立学科。

　　在所有这些分支中，其中有一支将会迅速地脱颖而出，吸引古典时期最伟大的先哲们的注意力，那就是几何学。正是由于几何学的出现，才成就了人类历史上第一批最伟大的数学之星，比如泰勒斯、毕达哥拉斯和阿基米德，他们的名字直到今天还出现在我们的课本里。

　　然而，在进入伟大的思想家们的视野之前，几何学是在"田间地头"赢得自己的声望的。这一点从几何学（géométrie）一词的词源就能够看出来，它首先是一门测量地表的科学，最初的土地测量员们将会成为家门口的数学家。彼时，田地的分割是经典的常见问题之一。如何将一块田地平均分配？如何从田地的表面估算出它的价格？两块田地之间，哪一块更靠近河岸？在将来建设水渠的时候，应该遵循什么样的路线才能实现最短路径？

所有这些问题，都是在整个经济系统依然主要与农业生产息息相关，也就是与土地分配紧密相关的古代社会中至关重要的。为了解决这些问题，人类建立了几何学的知识体系，并且逐渐将其丰富成为一门学科，然后代代相传。拥有几何学知识的人，毫无疑问能够在社会当中具有无法被忽视的重要地位。

对于这些专业的测量人士来说，绳索往往是最初的几何学工具。在古埃及，绳索调制员是一份全职的工作。每当尼罗河涨水，导致定期的洪水泛滥，绳索调制员就被召集起来，重新确定尼罗河两岸的土地边界。根据既有的、关于田地的知识，他们就能够打下小木桩，在田地间展开长绳，然后进行计算，找出将会受到洪水影响的范围。

当人们建造建筑物的时候，也要首先邀请这些人来测量地面，根据原有建筑计划，确定精确的建筑场地。至于建筑神庙或者重要的纪念性建筑，有时法老甚至会出面，象征性地拉起第一根绳子，以表重视。

必须得说，绳索在当时简直是一种集大成的几何学测量神器。对于土地测量员们来说，绳索是直尺、圆规和三角尺。

作为直尺，原理很简单：只要在固定的两点之间拉直绳索，你就能够得到一条直线。如果你想要一条带刻度的直尺，只需要在绳子上等距地打上几个结就好了。至于用绳索做圆规，也不是什么难事儿，只需要固定绳子的一端，然后用另一端围着固定端转一圈，就得到了一个圆。如果绳子有刻度，你就能够轻松地控制这个圆的半径。

然而，用绳索当三角尺，情况就有些复杂了。让我们在这个问题上多停留一会儿，思考一下：如果要画出一个直角，你会怎么做？只要稍微做一些研究，你就能够想象出几种不同的方法。比如，假设你画了两个彼此相交的圆，然后，做一条直线连接两个圆的圆心，再做一条直线连接两个圆相交的两个交点。两条直线相交，你就得到了一个直角。

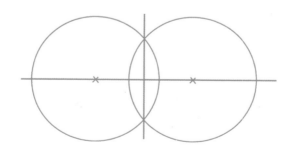

从纯理论的角度来说，这种方法无懈可击，但是在实践当中，情况则更加复杂。想象一下，每当穿越田间地头的土地测量师们需要画一个直角，或者就是为了检查一下已经画好的一个角的确是直角的时候，都不得不先花费力气画出两个大圆。这种方法很耽误时间，也很没有效率。

于是，土地测量员们采取了另外一种更巧妙也更实际的方法：直接用他们的绳索"制作"出一个带有直角的三角形。这种类型的三角形被称为"直角三角形"。直角三角形中最出名的，是边长比为3∶4∶5的勾股三角形。如果你在绳子上打出等距的13个结，将其长度进行12等分，你就能够得到一个边长单位分别为3、4和5的直角三角形。仿佛奇迹般地，边长3和边长4形成的角就是一个直角。

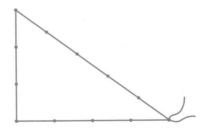

在4000多年以前，古巴比伦人已经画出了一个表格，掌握了能够画出直角三角形的边长数字。目前收藏在美国纽约哥伦比亚大学的普林顿322号黏土板，能够追溯到公元前1800年，上面展示了15组这样的三角形边长数据。除了边长比为 3 : 4 : 5 的三角形之外，人们还发现了其他 14 个三角形，其中有一些相当复杂，比如 65 : 72 : 97 或者 1679 : 2400 : 2929。除了少数一些误值——计算错误或誊抄失误——之外，普林顿黏土板上的三角形是完全正确的：所有的三角形都是直角三角形！

我们很难彻底弄清楚，古巴比伦的土地测量员们是从什么时候开始在测量土地时使用直角三角形知识的，但可以肯定的是，在古巴比伦文明消失之后，这种测量方法依然流传了下来。在中世纪的时候，具有 13 个结的绳索——也被称为"德鲁伊[1]之绳"，依然是天主教教堂的建筑者们主要使用的几何工具之一。

当我们在人类数学史中徜徉漫步的时候，经常能够发现，有一些相似的概念会在相隔数千千米的截然不同的文化背景下独立地出现。比如以下这个经常让西方世界感到惊奇的奇怪巧合之一：早在公元前 11 世纪，中国文明就已经具有了数学知识，与古巴比伦文明、古埃及文明和古希腊文明恰好同时，实在是很奇妙的相互呼应。

在中国，数学知识历经几个世纪的积累，最终在距今 2200 多年前的汉朝时被编纂成书，这就是人类早期历史上伟

---

[1] 译注：在凯尔特神话中，"德鲁伊"具有与众神对话的超能力。古罗马时期的凯尔特人部落中，德鲁伊具有多重身份，包括僧侣、医生、教师和法官，他们拥有权力并且受到尊敬，是君王的顾问和百姓的统治者。

大的数学著作之一：《九章算术》。

《九章算术》这本书的第一章，致力于测量不同形状的田地的研究。矩形、三角形、梯形、圆形、扇形甚至环形，诸如此类，大量的几何形状面积的计算过程被详细地记录了下来。在这本书的第九章，也就是最后一章中，居然是关于直角三角形的研究。猜一猜这一章的第一句话中提到的是什么……是勾股定理！

这就是所谓的"英雄所见略同"。好的想法总是会超越文化差异，当人类的心智已经做好准备迎接其到来的时候，它们总是会自发地兴旺起来，蓬勃发展。

一些时代性的问题

土地测量的问题、建筑问题，或者更普遍意义上的国土整治问题，促使古代的先哲们提出各种各样的几何学问题，以下就是几个例子。

下面的一段话，出自古巴比伦黏土板，编号 BM85200，它表明了古巴比伦人并不仅仅满足于平面几何，同样也在思考空间的问题。

一个地窖。与长度相同：深度。1，泥土，我挖出来的。我的地面和我填充的泥土，1 又 10 分。长度与宽度，50 分。长度，宽度，多少？[1]

你应该已经看出来了，古巴比伦人的数学写作风格有点儿像某种电报。经过一些细节的补充，同样的一段话可能看起来如下：

一个地窖的深度是长度的 12 倍[2]。如果我继续挖掘我的地窖，使它的深度多出 1，那么它的体积就是原来的 7/6。如果我将长度和宽度相加，我得到 5/6[3]。地窖的长、宽、深度分别是多少？

具体的解决方法伴随着这个问题通往最终答案，地窖的长度是 1/2，宽度是 1/3，深度是 6。

现在让我们前往尼罗河游历一番。不出所料，我们在古埃及人那里遇到了金字塔的问题。下面的这段话摘录于一份

---

[1] 法语版由 Jens Høyrup 翻译，参见《古巴比伦时代的代数学》(*L'algèbre au temps de Babylone*)，Éditions Vuibert / Adapt-SNES, 2010。

[2] 根据黏土板上的内容判断，似乎是说地窖的长度和深度是一样的，但是在古巴比伦的单位系统中，测量深度的单位是测量长度的单位的 12 倍。

[3] 同样应该注意的是，古巴比伦人使用的是六十进制的计算系统，所谓 "1 又 10 分" 换算成十进制，应该是 "1+10/60"，所以在我们当前的系统中，可以用分数 7/6 来表示。因此，古巴比伦的 "50 分" 可以用我们十进制中的分数 5/6（或者 50/60）来表示。

由古埃及誊写人雅赫摩斯撰写的莎草纸记录，时间可以追溯至公元前 16 世纪的上半叶。

一座金字塔，底部的边长为 140 肘[1]，其斜率[2]是 5 掌 1 指，金字塔的高度是多少？

一肘、一掌、一指是当时的测量单位，换算成现代通用度量，分别等于 52.5 厘米、7.5 厘米和 1.88 厘米。雅赫摩斯同样也给出了解答：93 又 1/3 肘。在同样一张莎草纸上，这位誊写人还演算了关于圆周的几何学。

计算一块直径为 9khet 的圆形田地的示例。这块地的占地面积为多少？

khet 同样也是一个计量单位，等于 52.5 米。作为这个问题的回答，雅赫摩斯认为，直径为 9khet 的圆形的面积等于一块边长为 8khet 的正方形的面积。这种替换被大量地使用，因为计算正方形的面积比计算圆形的面积容易得多。

---

[1] 译注：肘，即腕尺，是古老的长度单位，以手肘到中指顶端的距离为准。在中世纪及近代世界许多地区都有"肘"这个单位，而长度完全不一样，最早使用这一单位的是古埃及人。后面的掌、指也是长度单位。

[2] 金字塔某一面的斜率，在埃及语中也被称为"谢特"（seked），相当于两个高度之间相差 1 肘尺的定点在水平线上投影的距离。

于是他得出了 8×8=64 的答案。然而，在雅赫摩斯之后的数学家们却发现，他的答案是不准确的。圆形的面积和正方形的面积并不完全一致。于是，后来有很多人都试图解决这一问题：如何构建一个正方形，使其面积等于一个圆。很多人费尽心思却失败了，这几乎是必然的。雅赫摩斯，无心插柳地，成了第一批试图破解有史以来最令人抓狂的数学问题——化圆为方——的先驱者之一。

在古代中国，人们同样也试图计算出圆形区域的面积。下面这个问题出自《九章算术》的第一章。

今有圆田，周三十步，径十步。问为田几何？[1]

上文中的"一步"约等于 1.4 米。与古埃及人一样，古代中国的数学家们用脚步来丈量圆周的数据。我们现在已经知道，上面的数据是错误的，因为一个直径为 10 的圆周，周长一定是比 30 略大的。然而，这并不妨碍古代中国的数学家们得出了一个近似的圆面积数字（75 步），也没有阻碍他们向更难的计算——圆环的面积——发出挑战的决心！

今有环田，中周九十二步，外周一百二十二步，径

[1] 法语版翻译自 Karine Chemla 和 Shuchun Guo 翻译的《九章算术》（Les neuf chapitres），Éditions Dunod, 2005。

五步。问为田几何？

毫无疑问的是，在古代中国，不会真的有"环形"的田地，我们可以推断，《九章算术》中的这些环形面积的问题，是这个古代中原帝国的学者们玩儿的几何学游戏，他们提出这些问题只是为了进行理论挑战罢了。寻找各种不大可能存在的、奇形怪状的几何图形，并且学习之、理解之，直到今天，依然是当代数学家们最喜欢的消遣。

在与几何学相关的职业中，我们还不得不提到古希腊的"皇家测量员"。如果说土地测量员或者绳索调制员的工作就是测量土地或者建筑物的话，那么皇家测量员的眼界则要开阔得多！在古希腊，这些皇家测量员的工作，就是通过走路来测量距离的长短。

有的时候，皇家测量员的工作会把他们带到离家很远很远的地方。因此，公元前4世纪，亚历山大大帝在出征亚洲的时候，也带上了几个皇家测量员，这些人将帝王一直带到了现在的印度边境一带。这些长达数千千米的路线，都是由这些步行者们一步步测量出来的。

现在让我们上升到一定高度，想象一下这个奇怪的场景，这些男人们，踏着有韵律的节拍，一步步地穿越西亚北非地区无边无垠的旖旎风光。我们能看见他们穿越美索不达米亚北部的高地，沿着干旱的土黄色西奈半岛一路向前，最终抵达了尼罗河流域两岸丰饶肥美的土地；然后，他们又掉头折返，义无反顾地向波斯帝国绵延不绝的山地和现今阿富汗地区的大漠前进。你是否看到他们神色坚定，一步一步地走着，踏着枯燥又单调的节奏，徒步翻越兴都库什山脉一座座巨大的山峦，然后沿着印度洋的海岸一路返回？他们孜孜不倦地计算着自己的脚步。

这样的场景让人心生激荡，这些皇家测量员的出格事业看上去是如此荒谬。然而，他们得到的结果却是非常准确的：他们测量得到的结果，与我们今天所知的实际距离，误差不超过5%！因此，亚历山大的皇家测量员们使得从几何学上描述古希腊帝国成为可能，这是前无古人的壮举，因为没有人曾经丈量过如此广袤的区域。

两个世纪之后，在埃及，来自古希腊的学者埃拉托斯特尼想要搞个更大的事情。他想要测量的是……地球的周长。你没看错，千真万确！当然了，我们毕竟不能真的派遣可怜地皇家测量员们围着地球走一圈。然而，埃拉托斯特尼巧妙地通过观察塞因市（即现今的埃及阿斯旺市）与亚历山大港之间的太阳光线倾斜角度的差别断定，这两个城市之间的距离，应该是地球周长的1/50。

于是，自然地，埃拉托斯特尼找来了皇家测量员来测量两个城市之间的距离。与古希腊的前辈们不同，古埃及的皇家测量员没有通过数自己的步数来测量，而是数他们的骆驼伙伴的步数。骆驼这种生物，以步伐均匀稳健而知名。经过一段漫长的、沿着尼罗河的旅行，结果出来了：两个城市之间的距离为 5000 个场[1]。因此，我们的地球的周长为 25 万个场，也就是 39 375 千米。再一次地，这个结果展现出惊人的准确性，因为，今天的我们已经知道，地球的真实周长为 40 008 千米。埃拉托斯特尼的计算误差仅有 2%！

也许与其他的古代人相比，古希腊人在自己的文化中为几何学赋予了更加崇高的地位。古希腊人认为，几何学因其严谨性和能够训练头脑而尊贵。对于柏拉图来说，想要成为哲学家，几何学是必由之路。相传，在柏拉图学院的正门上，刻着这样的座右铭："不习几何者不得入内。"

彼时，几何学是如此时髦，以至于它最终突破了自我，渗透进了其他的学科之中。如是，数字的运算属性也被用几何语言来解释。比如下面欧几里得做出的定义——选自他写于公元前 3 世纪左右的《几何原本》中的第七卷：

> 当两个数相乘得到另外一个数字的时候，这个产生的数字被称为"平面"，而这个平面的边长就分别是这两个相乘的数字。

---

[1] 译注："场"指的是古希腊时期的运动场，因此"场"也是古希腊时期的长度单位，1 个场约为 157.5 米。

如果我做乘法 5×3，那么根据欧几里得所说的，数字 5 和数字 3 就是这个乘法的"边"。为什么呢？很简单，因为乘法可以被表示为一个矩形的面积。如果这个矩形的宽为 3、长为 5，那么它的面积就等于 5×3。于是数字 3 和 5 就是矩形的边长。这个乘法运算的结果，15，欧几里得称之为"平面"，在几何学上，正好对应这个矩形的面积。

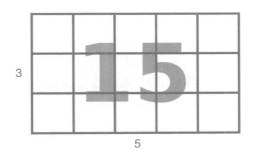

类似的结构也适用于其他的几何形状。因此，一些数字被称为"三角数字"——如果我们能够用三角形的方式来表示它。第一批被称为三角数字的有 1、3、6、10。

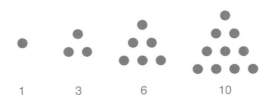

1   3   6   10

前页图中最右边由 10 个点构成的三角形，正是著名的"圣十结构"，被毕达哥拉斯和他的追随者们认为是宇宙和谐的象征。鉴于同样的原理，我们还能找到一些"正方数字"，首先就是 1、4、9 和 16。

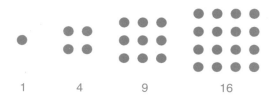

当然了，我们可以继续下去，建立起数字与几何图形之间的联系，这一定会花费我们不少时间。总之，数字的几何化表示使得其特性变得可视化，更加一目了然，如果不这样做，一切似乎都很难以理解。

让我们再举一个例子，你有没有尝试过将所有的奇数逐个相加：1+3+5+7+9+11+…… 没试过吗？可是，如果你这样做了，会大吃一惊。看着：

$$1$$
$$1 + 3 = 4$$
$$1 + 3 + 5 = 9$$
$$1 + 3 + 5 + 7 = 16$$

万物皆数

看到这些数字的特点了吗? 按照顺序:1、4、9、16······正好是正方数字!

如果你愿意, 可以继续算下去, 但是就算是算到地老天荒, 这个规则依然是成立的。如果你有勇气挑战, 那就把前十个奇数相加, 从 1 到 19, 你会得到 100, 也就是第十个正方数字:

$$1 + 3 + 5 + 7 + 9 + 11 + 13 + 15 + 17 + 19$$
$$= 10 \times 10 = 100$$

很神奇, 不是吗? 但这是为什么呢? 到底是什么样的魔法, 才能让这种规则始终成立? 当然了, 我们可以从数理的方式出发来证明它, 但是还有更简单的方法。得益于几何表达, 我们只需要将正方数字切片, 就能够亲眼看到答案了。

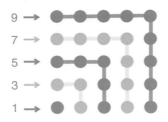

每增加一条折线, 相当于给如上图所示、由小球构成的

正方形增加奇数个球，方形的边长也增加了一个单位。证明完毕，简单明了。

总之，在数学王国，几何学是当之无愧的女王，如果不经过她的筛选，没有任何声明能够被验证。几何学的霸权将超越古典时代和古希腊文明长久地流传下去，人类需要再花上将近 2000 年的时间，才能等到文艺复兴时期的学者们发起一场广泛的、数学的现代化运动。这场运动会将几何学赶下唯我独尊的王位，取而代之的是一门全新的语言：代数语言。

第四章

定理时代

现在是 5 月初。正午时分，巴黎北部维莱特公园的上空阳光灿烂。在我对面，矗立着"科学与工业城"[1]的大楼，楼前最引人注目的，是"拉吉奥德"[2]。这间奇怪的电影院始建于 20 世纪 80 年代中期，直径 36 米，看上去像一颗巨大的镜面球。

此地过客众多。有手里拿着相机、前来观赏这栋奇怪的巴黎建筑的游客，也有前来享受"周三散步"[3]的家庭。几对

---

[1] 译注：位于巴黎的科学与工业城是欧洲最大的科学博物馆。

[2] 译注：La Géode 是一个网格球顶建筑，接近球形，位于巴黎 19 区的维莱特公园。它同时是一个电影院和电影发行公司，法国独立电影联盟（SDI）成员。

[3] 译注：在法国，每个周三下午中小学生都放假，因此很多家庭利用这半天的时间搞"亲子活动"。

恋人或手牵手走过，或坐在绿茵丛中。当地居民们在街上悠然行走，而总有慢跑者从他们中间前后突围，一路向前，他们目不斜视，几乎懒得去瞥一眼这个已经成为他们日常生活景象一部分的奇怪又巨大的镜面球。在"拉吉奥德"四周，孩子们饶有兴趣地观察着镜面当中扭曲的景观，哈哈大笑。

就我个人而言，今天之所以来到这里，是因为我对"拉吉奥德"的几何形状特别感兴趣。我走近它，开始仔细观察，它的表面由数千片三角形镜片拼贴而成。乍一看，这些镜片的拼贴是绝对规律的，然而，在认真观察这个建筑物几分钟

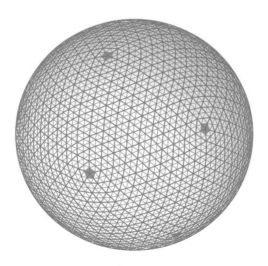

"拉吉奥德"和构成它的数千片三角形示意图
深色区域标出的是那些由 5 个三角形围绕的定点

之后，一些不规则的地方开始浮现在我眼前。在某一些定点周围，三角形镜片是扭曲的，而且比一般的镜片更宽，好像因为建筑的畸形而被拉长了。在几乎整个球面之上，三角形镜片每6个一组，构成了完全规则的六角形网格形状。然而，还存在着12个特殊的定点，在这些定点周围，只有5个三角形存在。

这些不规则的三角形乍一看几乎无法辨认出来，路上来来往往的大多数行人更不会注意到它们。然而，在我这个数学家的眼睛里，它们却并不奇怪。必须得说，我其实是故意在找它们的! 建筑师并没有犯错误，在世界各地，有着大量的、几何形状类似的建筑物，每一个球状结构上，都有同样的12个特殊的点，每个点周围围绕着5个三角形，而不是6个。这些点的存在，是不可避免的多面体几何性质约束的结果，而2000多年前的古希腊数学家们已经发现了这一点。

泰阿泰德是公元前4世纪的古希腊数学家，我们一般认为，正是他第一个完整地描述了正多面体。在几何学中，多面体的定义很简单，即一个由有限个多边形面组成的三维形体。因此，立方体和金字塔就属于多面体的集合，而球体和圆柱体则不属于。"拉吉奥德"的表面由多个三角形构成，同样也可以被看作一个巨大的多面体，由于它具有的侧面太多，因此从远处看就像一个球体。

泰阿泰德对完全对称的多面体特别感兴趣，也就是那些所有侧面和角度都相同的多面体。而他的发现却让人感到有些不安，他说，只存在 5 种正多面体，除此之外，没有其他的了。5 种多面体就是全部！不存在第 6 种。

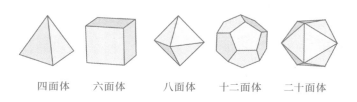

四面体　　　六面体　　　八面体　　　十二面体　　　二十面体

　　直到今天，法语中多面体的命名规则，依然是由两部分构成的，前一部分是多面体的侧面的数量，用古希腊语表示；第二部分是 -èdre 这个后缀 [1]。因此，具有 6 个正方形侧面的立方体在几何学上被称为"正六面体"（hexaèdre）。正四面体（tétraèdre）、正八面体（octaèdre）、正十二面体（dodécaèdre）和正二十面体（icosaèdre）分别有 4 个、8 个、12 个和 20 个正多边形侧面。后来，我们称这 5 种正多面体为"柏拉图立体"。

　　柏拉图立体？为什么不是泰阿泰德立体？有的时候，历史就是这么不公平，接受后人赋予的荣誉的人也不一定就是原本的发现者。在 5 种正立方体的发现过程中，雅典哲学家柏拉图其实一点儿贡献都没有，但是他因为开创了一种将这 5 种正立方体和宇宙元素联系起来的理论而驰名：火对应正四面

---

[1] 译注：这个后缀来自于法语"多面体"，即 polyèdre。

体，土对应正六面体，空气对应正八面体，水对应正二十面体。至于正十二面体，因为它的侧面都是正五边形，因此柏拉图声称，这就是宇宙的形状。虽然这个理论早已经被科学界摒弃，但提到正多面体，"光环"却总是被戴在柏拉图的头上。

其实，实话实说，我们得承认，泰阿泰德也不是人类历史上第一个发现这5种正立方体的人。人们发现，在更古老的雕刻模型或者书面记录中，也出现了这5种正立方体。人们在苏格兰发现了一组石头雕刻成的小球，分别展现了5种柏拉图立体，研究数据显示，这些小石头雕刻的时间，比泰阿泰德要早1000年！目前，这些小石球被保存在牛津的阿什莫尔博物馆。

所以，泰阿泰德并不比柏拉图好到哪儿去？他难道也是个冒牌货？并不是，因为，虽然在他之前已经有人发现了这5种正立方体，但他是第一个声明正立方体只存在这5种情况的人。泰阿泰德告诉我们，不用费力气寻找了，没有人能够找到第6种。这种说法让人感到放心，它将我们从可怕的怀疑中解救出来。哟！所有的都在这里了。

这是古希腊数学家们为了研究数学问题而踏出的里程碑式的一步。对他们来说，数学研究不再仅仅是为了寻找问题的解决方案。他们希望能够"穷尽"问题，希望能够确定没有意外可以逃脱他们的"手心"。而为了做到这一点，他们将会抵达数学探索艺术的顶峰。

现在让我们回到"拉吉奥德"上来。泰阿泰德的断言清楚明确：具有上千个侧面的多面体不可能是完全规则的。所以，如果你是建筑师，如果人们想要一个看上去尽可能规则的球体建筑物，你会怎么做呢？在技术上，很难构思出一个只由一块材料构成的建筑物。绝对没有上述这种可能，所以我们必须将大量的小侧面拼在一起才行。但是，如何创造这样一种结构呢？

我们能够想象出多种解决方案。其中一个解决方案，就是以一个柏拉图立体为原始版本，在此基础上进行改造。让我们以正二十面体为例，因为正二十面体由 20 个等边三角形侧面构成，所以它在 5 种正多面体中看上去最接近球形。为了让它看上去更圆润，我们可以将它的每个侧面都切割成若干个小侧面，然后就可以得到新的多面体，好比我们向其中"吹气"一般，让它看上去更像一个球体。

下图就是一组例子，我们将正二十面体的每个侧面再切分成 4 个小三角形。

正二十面体

将正二十面体的每个侧面切分为 4 个三角形

侧面被切割并被"吹鼓"的正二十面体

这种类型的多面体，在几何学上被称为"测地线网格"（géode）。从词源上说，这个词的意思是"一种具有地球形状的图形"，也就是类球体形状。从理论上说，倒是没什么太复杂的。位于维莱特公园的"拉吉奥德"，也正是基于这种结构所建！当然，"拉吉奥德"的侧面细分做得更加精细：作为"基准"的正二十面体，每个侧面的等边三角形都被切割成 400 个小三角形，因此，整个"拉吉奥德"应该由8000 块三角镜面构成！

但在现实中，"拉吉奥德"倒是没有 8000 块镜面，只有

6433 块，因为它并不是一个完整的多面体。"拉吉奥德"的底座被放在了地面上，所以被"削掉"了一面，因此这一部分是不需要三角镜面的。不过，这种结构倒是有助于解释那 12 个特殊的点。这 12 个点对应了作为"基准"的正二十面体的 12 个顶点。换句话说，原本那个正二十面体的 12 个顶点，就是由只有 5 个三角形围绕着的顶点。这些顶点最开始看上去很尖，但是伴随着每个侧面被切割成若干个小三角形而变得越来越"扁"，最终我们几乎看不出这 12 个点了。然而，不管怎么切割侧面、变形多面体，这 12 个点却始终存在，只等待路过的有心人发现。

泰阿泰德恐怕绝对不会想到，有朝一日他的研究会被用来搭建"拉吉奥德"这样庞大的建筑物。而古希腊的学者们也将会发展出一种强大的数学能力：能够发现新问题的伟大能力。古希腊人将逐渐一步步地从那些具体的问题中"解放"出来，转而提出那些出自单纯的求知欲的、原创且令人激动的数学模型。虽然，他们构想出来的问题，在当时看来可能并没有什么实际用途，然而有些模型在它们的创造者去世很长很长时间以后，会发挥出令人不可思议的效用。

当今，我们在不同的情境下都能够发现 5 种柏拉图立体。比如，在图版游戏中，人们利用正多面体设计出了色子。因为正多面体是规则的，因此能保证每一颗色子都是均质的，也就是说，每一面出现的机会是均等的。所有人都知道正六面体形状的色子，但是骨灰级玩家还知道，在很多游戏中，同样也使用其他 4 种正多面体形状的色子，这大大地增加了游戏的乐趣性和可能性。

我离开"拉吉奥德"，继续在公园中漫步。我看见一些孩子在不远处玩足球，准备开始一场即兴的维莱特草坪足球赛。在这样的时刻，虽然他们肯定不懂，但是他们应该明白的一点是：必须感谢泰阿泰德前辈的贡献。不知孩子们有没有注意到，他们的足球也有自己独特的几何形状呢？大多数足球的形状都是一样的：由 20 个正六边形和 12 个正五边形构成。如果是传统的足球造型，六边形会是白色的，而五边形则是黑色的。虽然现在的足球，表面上被画满了丰富的、各式各样的花纹，但你只需要仔细看一看接缝处，毫无意外地，还是会看到 20 个正六边形和 12 个正五边形。

一个被"截肢"的正二十面体！几何学家们会如此给足球命名。足球的形状受到了与"拉吉奥德"一样的限制：它必须看上去尽可能规则、尽可能圆。然而，为了达到这一目的，足球的设计者们却使用了一种不同于设计"拉吉奥德"时使用的方法。并没有通过增加平面的数量来让顶角变得更柔和，只是选择了……切掉这些角。想象一下，你手中有一个黏土捏成的正二十面体，用一把小刀就可以切掉所有的顶角。20 个被切掉顶点的侧面变成了 20 个正六边形，而被切掉的 12 个定点则形成了 12 个正五边形。

因此，足球上的 12 个正五边形与"拉吉奥德"表面上的 12 个不规则点的来源是一样的：它们取代了正二十面体原来的 12 个顶点。

当我离开维莱特公园时，在路上遇见了一个手捏纸巾的小姑娘，她看上去好像生病了。她不会也是那些邪恶的微二十面体传播的受害者吧？一些微生物，例如病毒，在自然的情况下会呈现正二十面体或正十二面体的形状。比如，大部分伤风感冒的罪魁祸首——鼻病毒，就是这种形状。

这些微小的生物之所以呈现出这种形状，其原则与我们建造"拉吉奥德"或者足球的原则是一样的，是出于对称性和经济性的缘故。多亏正二十面体的存在，足球制造者们只需要生产两种不同类型的碎片。类似地，病毒的包膜仅由几种不同类型的分子构成（比如构成鼻病毒的只有 4 种分子），这些分子彼此配合相嵌，总是呈现出相同的规律。因此，创造这种"外壳"所必需的基因密码就需要是简洁的、经济的，这只能通过拥有最大限度的对称性才能实现。

再一次地，如果泰阿泰德活到今天，他一定会为他的多面体们如此会躲猫猫（躲到了微观世界）而感到惊讶。

让我们彻底地离开维莱特公园，重新踏上数学编年史旅行吧。古典时代的数学家们，比如泰阿泰德，他们为什么会提出那些越来越具有概括性和理论性的问题呢？为了回答这个问题，我们需要穿越回几千年前，来到地中海的东海岸。

虽然古巴比伦和古埃及文明在历史的长河中慢慢消亡了，古希腊的文化却即将迎来最辉煌的时代。从公元前 6 世纪起，古希腊世界进入了一个前所未有的、文化与科学的沸腾阶段。哲学、诗歌、雕塑、建筑、戏剧、医药甚至历史，所有这些学科都即将经历一场名副其实的革命。直到今天，人类在这一时期的特殊活力依然保持着它的魅力和神秘性。在这场庞大的知识运动中，数学占据了一个特殊的位置。

当我们说起古希腊的时候，首先在脑海中浮现的，往往是由雅典卫城统治的雅典城。我们想象着穿着长白袍的市民们正在几座神庙——用来自彭代利山的大理石修建而成——和几棵橄榄树之间悠然漫步，而他们刚刚创造了人类历史上第一个民主制度！然而，这一画面还不能代表整个古希腊世界呈现出的多样性。

在公元前 8 世纪到公元前 7 世纪之间，地中海周围散布着许多希腊殖民地。有时这些殖民者与当地人混居，接受了一部分当地人的习俗和生活方式。所以并不是所有的古希腊人都只有一种生活经验，远远不是这样。他们的饮食、休闲、信仰和政治系统都因为地域的不同而大相径庭。

因此，古希腊数学的出现，并不是在某一个固定的区域——所有的学者们凑到一起，彼此熟识，每天都能遇到，这是不可能的——而是在一个幅员辽阔的地理和文化区域中形成的。古希腊文明与其他古老文明的接触会产生传承和自身多样性的交融，这就是古希腊数学革命的原动力之一。很多古希腊学者，在有生之年都会前往埃及或者西亚北非地区"朝圣"，这是他们学习过程中的必要步骤。因此，很大一部分源自古巴比伦和古印度的数学知识会被古希腊数学家吸收和扩展。

公元前 7 世纪末期，在位于现今土耳其东南海岸的港口城市米利都城邦，古希腊历史上第一位伟大的数学家降生了，他就是泰勒斯。虽然很多历史材料中都提到了泰勒斯，但今天的我们却依然很难提炼出关于他生平和工作的可靠信息。如同那个时代的众多学者一样，在泰勒斯死后，他的某些过分虔诚的门徒创作了很多传奇故事，如此，真真假假的历史故事混在一起，人们很难区分开来。古希腊时期的科学家们并不会用过于严苛的道德标准来束缚自己，因此当他们得到不合自己口味的结论时，随心所欲地篡改事实也就不足为奇了。

比如，在诸多关于泰勒斯的传闻中，人们都说，泰勒斯是一个特别心不在焉的人。因此，这位来自米利都的智者居然是开创了历史悠久的"漫不经心学术派"的祖师爷！有一则逸事是这样说的：一天晚上，人们看见泰勒斯一边散步一边仰着头观察天上的星星，然后扑通一声掉进了井里。另外一则逸闻则说，泰勒斯80多岁的时候死于观看一场体育比赛：他被比赛现场深深吸引，以至于忘记了吃喝，活活饿死了。

泰勒斯的科学成就同样也成了传奇故事的主题。泰勒斯应该是人类历史上第一个准确地预测了日食的人。这次日食发生在米底人和吕底亚人的一场战斗当中，交战地点位于当今土耳其西部的哈利斯河沿岸。面对白昼中突如其来的"黑夜"，战争者们相信，这是来自神的旨意，当即决定讲和。如今，预测日食或者反推历史上曾经发生过的日食对于天文学家们来说不过是小菜一碟。多亏了他们，我们知道这场日食发生于公元前584年5月28日，于是，哈利斯河战役成了目前为止人类历史上最古老的、能够精确地确定日期的历史事件！

正是在一次前往埃及的旅行中，泰勒斯完成了被认为是他最伟大的成就的数学计算。据说，埃及法老雅赫摩斯二世向泰勒斯发出挑战，让他测量出大金字塔的高度。在此之前，所有参与讨论这个问题的古埃及学者都失败了。泰勒斯不但接受了这个挑战，更是用了一种格外精妙的方法优雅地解决了这个问题。这位米利都的智者在地上垂直插入一根小棍子，然后等待着一天中棍子阴影长度等于棍子自身高度的时刻。这一刻到来的时候，他测量了大金字塔阴影的长度，而这一长度就是大金字塔的高度。原来如此！

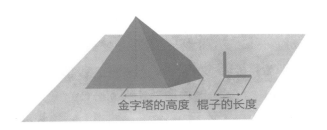

金字塔的高度　棍子的长度

这个故事看上去很美好，然而再一次地，它的历史性却并不能确定。正如故事所呈现的那样，这则逸事传递出来的态度是对当时的古埃及智者相当程度的不屑，然而，根据莎草纸的记载，古埃及的智者们绝对非常清楚如何计算金字塔的高度，而且他们算出金字塔高度的时间，比泰勒斯抵达埃及早了1000多年！所以，真相到底如何？泰勒斯真的测量出金字塔的高度了吗？他是第一个使用"阴影测量法"的人吗？我们又怎么知道，他测量的不是米利都家门前一棵橄榄树的高度呢？泰勒斯的门徒们在他死后，将他的生平故事做了美化。我们必须承认的是，真相究竟如何，我们或许永远不会知道。

不管怎么说，泰勒斯使用的几何方法是非常真实的，不管是用来测量大金字塔的高度，还是橄榄树的高度，都不会减损"阴影测量法"的半点智慧光辉。这种方法衍生出了一种特殊的情况，其具有的属性使我们今天称其为"泰勒斯定理"。

泰勒斯还发现了许多其他的数学结论：一个圆的任意直径将该圆分为等面积的两部分（图1）；等腰三角形的两个底角相等（图2）；任意两条相交线，对顶角度数相等（图3）；如果一个三角形的三个顶点落在一个圆周之上，并且其中一条边穿过圆心，那么这个三角形必然是直角三角形（图4）。最后这一条有的时候也被称为"泰勒斯定理"。

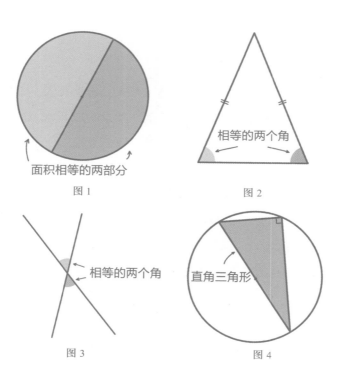

面积相等的两部分

图1

相等的两个角

图2

相等的两个角

图3

直角三角形

图4

于是，让我们来看一看这个奇怪的、既迷人又吓人的词：定理（théorème）。什么是"定理"？从词源上说，这个词来自于古希腊语词根 théa（冥思）和 horáô（凝视，看见）。因此，一个定理应该是一种对数学世界的观察，一个被数学家们观察、检验并记录下来的事实。定理可以通过口口相传或文字书写的方式流传开来，好比外婆的经典菜谱或者气象类的箴言之类的——它们已经经过了几代人的验证，所以我们相信其真实性。一只燕子出现并不意味着春天的到来（孤证不立），月桂叶能缓解风湿，边长分别为 3∶4∶5 的三角形是直角三角形。这些都被人们认为是真实的事情，所以我们试图将它们记录下来，以备不时之需。

根据这个定义，古美索不达米亚人、古埃及人、古代中国人同样也发明了一些定理。然而，从泰勒斯开始，古希腊人给了"定理"一个新的维度。对于他们来说，一个定理绝不仅仅是陈述一个数学事实，它必须被用尽可能普适的方式概括出来或写出公式，并且必须伴有使之得以成立的证明过程。

让我们回到上面被认为是泰勒斯提出的几何特性之一：一个圆的任意直径将该圆分为等面积的两部分。对于一个像泰勒斯这样伟大的学者来说，提出这样的陈述，似乎让人感觉很失望。毕竟，这难道不是显然的吗？为什么一直要到公元前 6 世纪，这样一个看上去如此平庸的断言才最终被提出，这怎么可能呢？毫无疑问，早在很久很久以前，古埃及和古巴比伦的学者就知道这件事了。

然而，我们必须得清楚一件事，这位米利都智者提出的陈述之所以了不起，并不是因为它的内容，而是它的表达方式。泰勒斯敢说，所有的圆都这样，毫无例外！而同样是表达这一规则，古巴比伦人、古埃及人、古代中国人都只是举了一个个例。他们会说，一个半径为 3 的圆周上有一条直径，这个圆被这条直径平均分成两部分。而如果一个例子不足以理解这条规则，那我们就会再给出第二个、第三个，甚至第四个例子。只要为了让读者理解，作者可以不断地重复列举类似的例子，用直径切割一个又一个圆。但是，却从来没有人下一个普遍意义上的陈述性断言。

泰勒斯跨越了这条鸿沟。请给出一个圆，你愿意给什么圆就给什么圆，我也不想知道到底是哪个圆。它可能是一个巨大的圆，或者是一个微小的圆。将这个圆水平放置，或者竖直放置，或者干脆放在斜坡上，对我来说都无所谓。我完全不关心你这个圆有多特别，也不关心你是怎么画出来的，然而，我却能够确定，这个圆的直径能将它分成两个相等的部分！

通过这样的操作，泰勒斯明确地给几何图形赋予了抽象的数学对象的地位。这种思维阶段正类似于 2000 多年以前，美索不达米亚人首先将数字从被计数的对象身上独立出来。一个圆，它再也不是某个画在地上的圆，也不是画在黏土板或者莎草纸上的圆。圆成为一种虚构，一个想法，一个抽象的完美典型，而所有现实生活中的圆，都是一些不完美的化身。

从此以后，数学真理可以用简洁又概括的方式表述，无论对于所包含的哪一种个别情况来说，都是成立的。自此，古希腊人给这些表述起了一个名字，叫作"定理"。

泰勒斯在米利都收了好多弟子，其中最著名的两人是阿那克西美尼和阿那克西曼德。然后，阿那克西曼德也有了自己的弟子，在他的弟子中，有个名叫毕达哥拉斯的人，再后来，他的名字与人类有史以来最著名的定理之一联系在了一起。

公元前 6 世纪初期，毕达哥拉斯出生在萨摩斯岛，这座希腊小岛位于现今土耳其附近，距离米利都城的直线距离只有几千米远。在青年时期作为学徒游历了古代世界之后，毕达哥拉斯最终选择克罗托内城——位于现今意大利东南部——作为定居地。在那里，他于公元前 532 年开创了毕达哥拉斯学派。

毕达哥拉斯和他的追随者们不仅仅是数学家和科学家，他们还是哲学家、修道士和政治人物。但必须指出的是，如果毕氏学派存在于我们这个时代，这个由毕达哥拉斯亲自发起的共同体社团毫无疑问会是阴暗、危险的邪教之一。毕达哥拉斯学派的信徒们的人生，被一系列严苛又细致的规矩统治着，任何一个想要加入这个学派的人，必须经过 5 年的静默期。毕达哥拉斯学派的信徒们不得拥有任何个人财产：他们全部的财物都属于公中所有。为了在人群中彼此认出，信徒们使用不同的接头符号，比如圣十结构或者五芒星形状。此外，毕达哥拉斯学派的信徒们认为自己是开明的、受到启蒙的人，因此也当仁不让地觉得政治权力应当归他们所有，坚决镇压那些拒绝他们统治权威的城市发起的叛乱。毕达哥拉斯正是在85岁那年，死于这样一场叛乱之中。

围绕着毕达哥拉斯的各种数不胜数的传奇故事也令人印象深刻。这么说吧，毕达哥拉斯的门徒们最不缺乏的，就是想象力了。据他们说，毕达哥拉斯就是光明之神阿波罗的儿子。"毕达哥拉斯"（Pythagore）这个名字，字面上的意思就是"被皮媞亚（Pythie）预言的人"：德尔菲神庙的皮媞亚的确是（古希腊信仰中）能够传递阿波罗神谕的先知，也正是她向毕达哥拉斯的父母宣告他们未来孩子的到来。根据神谕的说法，毕达哥拉斯将会是这个世界上最美丽、最有智慧的人。有着这样一种出身，这位希腊学者注定是要成就大事的。毕达哥拉斯记得他过去若干轮回中的所有事情，例如他正是特洛伊战争中的英雄之一，那一世他叫尤福碧（Euphorbe）；在年轻的时候，毕达哥拉斯参加了奥林匹克竞技，赢得了所有古希腊拳击比赛（现代拳击运动的始祖）的冠军；毕达哥拉斯是发明音阶的人；毕达哥拉斯能够在空气中凌波微步；毕达哥拉斯死了又复活了；毕达哥拉斯拥有预言和行医的才能；毕达哥拉斯能够命令动物；毕达哥拉斯有一条纯金大腿。

虽然这些传说中的大部分都太离谱了，根本不足为信，然而对于另外一部分来说，就很难判断真假了。比如，据说毕达哥拉斯是第一个使用"数学"（mathématiques）一词的人，这是真的吗？种种"事实"是如此的靠不住，甚至有些历史学家干脆提出这样的说法，认为毕达哥拉斯根本就是一个想象出来的人物，被毕达哥拉斯学派的门徒们创造出来，作为他们的守护神。

那么，为了能够更多地了解这位"大神"，让我们回到这个在毕达哥拉斯死后 2500 多年的今天，全世界的小学生都知道的毕达哥拉斯定理（勾股定理）吧！这个举世闻名的定理告诉了我们什么呢？该定理的叙述看上去很不可思议，因为它在两个看上去似乎不太相关的数学概念之间建立了联系：直角三角形和平方数。

让我们回到我们最喜欢的直角三角形, 3：4：5。从这三个边长出发，我们能够得到三个边长的平方数：9、16 和 25。

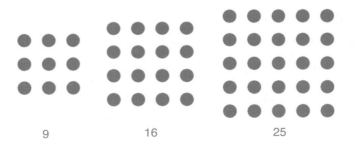

9   16   25

然后，我们能够发现一个奇怪的巧合：9+16=25。边长3的平方和边长4的平方，相加等于边长5的平方。有人或许会认为这只不过是个巧合，然而，如果我们换一个直角三角形进行同样的运算，这个规律依然是存在的。让我们以普林顿古巴比伦黏土板上发现的边长为65∶72∶97的直角三角形为例，三条边长对应的平方数分别为4225，5184和9409，而毫无疑问，4225+5184=9409。这个例子中的数字很大，因此很难相信这仅仅是一个巧合。

我们同样也可以用任意直角三角形进行验证，大直角三角形或者小直角三角形，无论什么形状的直角三角形，这条规律始终存在！任意一个直角三角形，两个直角边长度的平方和总是等于第三条边（我们称之为斜边）长度的平方。而这条论述反过来也是成立的：如果一个三角形，它的两条边长的平方和等于第三条边长的平方，那么这就是一个直角三角形。这就是毕达哥拉斯定理！

当然，我们并不清楚，究竟是毕达哥拉斯还是他的门徒们发现了这条定理。虽然古巴比伦人并没有像我们在上一段中所做的那样，把对勾股定理的描述写下来，但是他们很有可能在1000多年前就已经知道这件事儿了。毕竟，如果不是这样的话，古巴比伦人是怎么找到普林顿黏土板上列举出的那么多直角三角形的呢？并且，古埃及人和古代中国人很有可能也是知道这个定理的。很显然，古代中国人也将这个定理的相关描述记录了下来，在《九章算术》被编纂出来后的若干个世纪中，不断地被增补到这本书的注解里。

　　有一些记录声称，是毕达哥拉斯第一个给出了这个定理的证明，然而并没有可靠的信息来源能够证实这一点。我们发现的、现存最古老的证明出现在毕达哥拉斯三个世纪之后的、由欧几里得撰写的《几何原本》中。

第五章

一点儿方法

　　对于古希腊的数学家们来说，"证明"将是他们需要攻坚的主战场之一。如果没有相应的验证过程，那么一个"定理"则不能被承认，也就是说，需要有一个特定的逻辑推理明确地确立其真实性。应该说，如果没有证明过程的"保驾护航"，数学结论中可能会混杂一些不妙的"惊喜"。然而，有一些方法，虽然被人们熟知且大范围使用，却并不总是那么管用。

　　举个例子！在《莱因德纸草书》[1]的记录中，有一个关于

<hr />

[1]　译注：也称阿姆士（Ahmose）纸草书，或者大英博物馆 10057 和 10058 号纸草书，是古埃及第二中间期时代（约公元前 1640 年至公元前 1550 年）由名为阿姆士的僧侣在纸草上抄写的一部数学著作，是具有代表性的古埃及数学原始文献之一。

"化圆为方"[1] 的问题，然而这个记录是错误的。虽然错得不算太离谱，但还是错了。不管我们如何努力，圆形和方形的面积之间依然存在大约 0.5% 的差别！所以，对于土地测量员或者其他的土地规划师来说，这没什么问题，如此的精度绰绰有余，但是对于理论数学家来说，这是不可接受的。

就连毕达哥拉斯也陷入了各种错误假设的陷阱之中，他最著名的错误是关于"可测长度"的问题。毕达哥拉斯认为，在几何学的意义上，任意两个长度总是可以被测量的，也就是说，能够找到一个足够小的单位，同时测量这两个长度。试想一下，有两条线段，一条长 9 厘米，另一条长 13.7 厘米。古希腊人并不知道小数点，他们只用整数来测量长度。因此，对于他们来说，第二条线段无法用厘米来测定。但是没关系，在这种情况下，只要用更小的单位，即厘米的十分之一——毫米——来测定，很容易得出这两条线段分别为 90 毫米和 137 毫米。毕达哥拉斯相信，任意两条线，不管长度是多少，总是能够找到一个合适的度量单位进行同时测量。

然而，这种"信念"却被一个叫希帕索斯的毕达哥拉斯学派门徒推翻。希帕索斯发现，在一个正方形中，边长和对角线长是不可同时测量的！不管选择什么测量单位，正方形的边长和对角线长总是不可能同时由整数测定。希帕索斯还提

---

[1] 译注：化圆为方是古希腊数学里尺规作图领域当中的命题，和三等分角、倍立方问题并列为尺规作图三大难题。其问题为：求一正方形，其面积等于一给定圆的面积。

供了一个逻辑论证，使得这个结论变得板上钉钉，不可动摇。毕达哥拉斯和他的门徒们大为惊慌，将希帕索斯驱逐出毕达哥拉斯学派。甚至有传言说，希帕索斯因为这一发现被他的同窗们丢进了海里！

对于数学家来说，这样的逸事是很可怕的。我们真的能够肯定地断言什么事情吗？我们是不是生活在这样一种永恒的恐惧之中，害怕所有的数学发现有朝一日都会支离破碎？那么边长为3：4：5的三角形呢？我们能确定它真的是直角三角形吗？在未来的某一天，我们是不是也可能会发现，在我们今天看来是完美直角的那个角，其实也只是一个近似直角的角而已？

直到今天，数学家们还时不时地成为错误直觉的受害者，这并不稀罕。这也就是为什么，当今的数学家们依然追随古希腊前辈们追求严谨的精神，并且采取非常谨慎的态度来区分那些被称为“定理”的、已经被论证过的陈述和那些他们认为是正确的，但是暂时还没有办法得到证明的陈述——他们称之为“猜想”。

在我们这个年代，黎曼猜想是非常著名的数学猜想之一。很多数学家都对这个尚未被证明的猜想的真实性很有信心，因此他们做了很多以黎曼猜想为基础的研究。如果有朝一日，黎曼猜想变成了定理，那么他们的研究就能“板上钉钉”。但如果有朝一日黎曼猜想被推翻，所有以黎曼猜想为基础的研究工作都会随之倾颓，无数人毕生的努力将付之东流。我们作为 21 世纪的科学工作者，毫无疑问会比我们的古希腊前辈们更加理性，但是我们也可以理解，在这种情况下，如果有一位数学家站出来宣称黎曼猜想是不成立的，那真的会有不少数学家同行产生想投水自尽的欲望。

正是为了避免这种不知何时可能就"被否定"的永恒的焦虑感，数学需要证明。没错，我们永远不会发现原来 3∶4∶5 不是直角三角形，它就是直角三角形，确定一定以及肯定。这种确定性来自于"毕达哥拉斯定理已经被证明了"这一事实。任意两边边长的平方和等于第三条边的平方的三角形是直角三角形。对于美索不达米亚人来说，上面的陈述毫无疑问只是一个猜想。可是对于古希腊人来说，它就成了定理。哟吼！

那么，所谓的"证明"到底是什么样子的呢？毕达哥拉斯定理不单单是最著名的定理，同样也是人类历史上拥有最多证明方式的定理——差不多有几十种。其中有一些证明方式是由其他文明的人独立发现的，他们肯定没有听说过欧几里得，也没有听说过毕达哥拉斯。比如，在《九章算术》的后人批注当中，人们就发现了勾股定理的证明过程。还有一些证明过程是由一些数学家完成的，他们知道这个定理已经被证明，或是出于想要挑战的心理，或者是希望能够给这个定理留下一些个人的印记，总之他们兴致勃勃地创建了新的证明方式。在这些数学家中，我们能找到几个相当耳熟能详的名字，比如意大利发明家达·芬奇，或者第 20 任美国总统詹姆斯·艾布拉姆·加菲尔德。

在毕达哥拉斯定理的证明过程中，我们发现，有一个原则被经常使用：如果两个几何图形是由同样若干个几何形状以不同的方式拼贴而成的，那么这两个图形的面积是相等的。以下就是公元 3 世纪的中国数学家刘徽想象出来的切割方式。

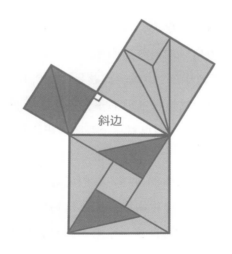

由中间的直角三角形两个直角边出发，形成的两个正方形，分别由 2 块和 5 块碎片构成。所有这 7 块碎片合起来，形成了另外一个由该直角三角形斜边出发构成的正方形。因此，以斜边为边长的正方形面积等于另外两个较小的正方形面积之和。而正方形的面积等于它边长的平方，于是，勾股定理证明完毕。

我们这里不会就更多的细节具体展开，但很显然，为了使证明过程变得完整，有必要证明所有的这些碎片都完全地、严格地相同，并且证明这样的切割适用于所有的直角三角形。

总之！让我们重拾我们的推理链，为什么 3：4：5 是直角三角形？因为它得到了毕达哥拉斯定理的认定。为什么毕达哥拉斯定理是正确的？因为刘徽对正方形的巧妙切割，展示了直角三角形两条直角边长构成的正方形面积和恰好等于该直角三角形斜边构成的正方形面积。整个过程看上去很像孩子们爱玩儿的"为什么"游戏。问题是，这个小小的游戏有个令人讨厌的缺陷，就是它永远都不会结束。无论问题的答案是什么，我们总是有可能再对这个答案提出质疑。为什么？是啊，为什么呢？

让我们再回到刘徽的拼图：我们已经确定，如果两个几何图形由相同的若干碎片构成，那么这两个图形具有相同的面积。可是，我们证明过这个原则始终是正确的吗？难道我们就找不到这样的一些碎片，使其面积和因组装方式的不同而不同吗？这种主张看上去似乎很荒谬，不是吗？它是如此的荒谬，以至于想要证明它的尝试看上去都非常奇怪……然而，我们刚刚才确认过，在数学中，很重要的一点就是"证明一切"。所以就在我们承认这一规则之后不到一会儿，就愿意放弃这一规则了吗？

这可不是什么玩笑，形势很是严峻。尤其是，即使我们成功地解释了为什么刘徽的拼图原则是正确的，还是应该继续证明使用这种方法是出于什么理由！

古希腊的数学家们也意识到了这个问题。为了证明某个数学事实，需要从另外一个地方入手。但是，任何数学过程的第一句话都没有得到证明，就是因为它们是"第一句话"。因此，所有的数学建构，都必须从承认某一些先验的显然事实开始。因为所有的建构都将以这些"显然事实"为基础而展开，因此我们必须万分慎重地选择这些"显然事实"。

数学家们称这些"显然事实"为"公理"。公理和定理、猜想一样，都是数学陈述，但区别在于，公理没有证明过程，我们也不需要寻求证明过程。它们被所有人承认是正确的。

公元前 3 世纪，欧几里得撰写了一部共 13 卷的《几何原本》，主要用来讨论几何学与算术的问题。

对于欧几里得，今天的我们了解得不多，他并不像泰勒斯或者毕达哥拉斯那样留下了很多的相关资料和江湖传说。他很有可能住在古埃及的亚历山大港一带。还有一些人提出一种假说，就像之前针对毕达哥拉斯的假说那样，他们认为欧几里得不是"一个人"，而是一群学者的合称。总之一切都不能确定。

尽管我们对欧几里得知之甚少，然而他却留给了我们《几何原本》这样伟大且不朽的著作。这部巨著被毫无争议地认为是数学史上伟大的著作之一，因为它最先采用了公理化的方法。《几何原本》一书的撰写方式具有令人吃惊的现代性特征，它的行文结构非常接近我们这个时代的数学家们依然在使用的结构方式。在 15 世纪末期，《几何原本》是谷登堡[1]使用新印刷术印刷成书的第一批书籍之一。在今天，欧几里得的《几何原本》是人类历史上再版次数第二多的著作，仅次于《圣经》。

在讨论平面几何的《几何原本》第一卷中，欧几里得提出了以下 5 个公理：

1. 任意两点能够定义一条线段。

2. 一条线段能够向两端无限延伸。

3. 给定一条线段，能够画出一个以该线段的一个端点为圆心，线段长度为半径的圆。

4. 所有的角度都可叠加。

5. 若一条直线与两条直线相交，在某一侧的内角和小于两个直角和，那么这两条直线在各自不断地延伸后，

---

[1] 译注：约翰内斯·谷登堡（Johannes Gutenberg），德国人，是发明活字印刷术的第一位欧洲人，他的发明引发了一次媒介革命，并被广泛认为是现代史上非常重要的事件之一。

会在内角和小于两直角的一侧相交。[1]

在这 5 个公理之后，是长长的一串经过证明的、无可争议的定理。对于所有这些定理的证明，欧几里得使用的不过是上述的 5 个公理或者从这 5 个公理出发证明得出的结论。《几何原本》第一卷的最后一个定理是我们的老熟人了——正是毕达哥拉斯定理。

在欧几里得之后，大量的数学家也对"公理的选择"这一问题产生了兴趣。他们中有很多人尤其对欧几里得的第 5 条公理感到困惑和不安。没错，最后这一条公理的确比前 4 条看上去复杂得多。有的时候，人们会用一个更简单的陈述代替这一条公理，但是最终的结论还是一样的：对于给定的一点和不经过该点的一条直线，我们能且只能画出一条经过该点的该直线的平行线。对于"第 5 条公理"的选择问题，数学家们一直争论到了 19 世纪，最终，随着新的几何模型的创建，争论终于停止了，因为人们发现，在非欧几何学中，"第

[1] 这条公理明显比前 4 条复杂得多，因此引发了后来数学家们的诸多争论。如下图所示，标注出来的两个角之和小于两个直角之和，相应地，直线 1 与直线 2 在这两个内角的一侧相交。

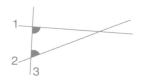

5 条公理"是不成立的!

关于公理的表述还带来另外一个问题,即"定义"的问题。我们所使用的这些词:点、线段、角或者圆,它们又是什么意思呢?如同"证明"所遭遇到的问题一样,"定义"的问题也是无穷无尽的。因为"第一个"定义必然是由此前没有定义过的词所表述的。

在《几何原本》中,定义是先行于公理的。第一卷开篇第一句话就是对"点"的定义。

点是没有部分的东西。

真是很奇怪的表述,但是习惯就好!欧几里得通过这个定义想说的是,"点"是可能存在的几何图形中最小的一个。我们不可能玩儿"点"的拼图游戏,点是不可切割的,它没有"组成部分"。1632 年,在《几何原本》早期的法语版本之一中,数学家丹尼·亨利翁在他的注释中对"点"的定义做了一定程度的补充,指出点是"没有长度、没有宽度、没有高度"的几何形状。

这些"否定式"的定义让人心生怀疑,因为它只说了"什么不是点",而没有真正地说清楚"点到底是什么"!然而,更"聪明"的家伙们知道如何更好地下定义。在 20 世纪早期的一些法国教材里,我们有时能找到这样的定义:将一支削得极细的铅笔笔尖压到一张纸上，得到的痕迹就是"点"。"削得极细！"这次，我们终于有了一个实体的点。然而，这样的一个定义却能把欧几里得、毕达哥拉斯和泰勒斯等古代数学家气得活过来，因为他们费尽千辛万苦，竭尽毕生之力，只是为了创造出完全抽象的、理想化的几何图像。没有任何一支铅笔——无论笔尖被削得有多么细——能够真的在纸上留且仅留下一个没有长度、没有宽度、没有高度的痕迹。

总之，没有人真正知道"点"到底是什么，但是几乎所有人都确信，"点"这个想法足够简单和清晰，而且不会产生模棱两可的情况。所以，当使用"点"这个词的时候，我们终于能够确定所有人都在讨论同一个事情。

正是出于对这些"初始定义"和"公理"的绝对笃信，人们在此基础上发展出了整个几何学。而且，更准确地说，我们整个现代数学学科正是建立在同样的模型基础之上的。

定义—公理—定理—证明：这条由欧几里得开辟的道路将成为他所有的后继者必须要追寻的路径。然而，随着理论的建构和扩大，数学家们新的眼中钉又出现了，那就是悖论。

所谓悖论，就是一种似假非真、似是而非、自相矛盾的命题。它是一种显然不能被解决的矛盾。一个看上去绝对正确的论述，结果却能够推导出一个完全荒谬的结论。想象一下，你列出了一个公理的清单，这些公理在你看来都是不容置疑的，然而你却从这些公理出发推导出了一系列明显是错误的定理！简直是噩梦啊！

历史上著名的悖论之一，是由米利都的欧布里德提出的，内容与古希腊诗人埃庇米尼得斯说过的话有关。的确，埃庇米尼得斯曾在某一日宣布说："所有的克里特人都是骗子。"那么问题来了，埃庇米尼得斯自己就是一个克里特人！因此，如果他说的是真的，那么他就是个骗子，所以他说的就是谎话；如果他说的是假的，那么他就是在说谎，这句话就成了真话！后来，这个悖论被演变成了各种各样的形式，其中最简单的一种，是一个人说："我说的这句话是谎话。"

说谎者悖论挑战了一个我们预设的想法，那就是对于任意一句陈述来说，它或者是真，或者是假，绝对没有第三种可能。在数学上，这被称为"排中律"。乍一看，把排中律的原则当成一个公理似乎是个很诱人的提议。然而，说谎者悖论却警告了我们：情况比排中律所说的更复杂。如果一个陈述确认了自己的虚假性，那么在逻辑上，它就是既非真也非假的。

但是，这种程度的"困扰"并不会影响当今大多数数学家认为排中律是真实的。毕竟，说谎者悖论并不是一个真正的数学陈述，人们觉得它更像是一种语言学上的不一致，而不是一种逻辑的矛盾。然而，欧布里德身后 2000 多年，逻辑学家们发现，同样类型的矛盾居然也出现在了最严格的理论当中，造成了数学领域的剧烈动荡。

公元前 5 世纪的古希腊哲学家，埃利亚的芝诺，也是一位善于创造悖论艺术的大师。他自己一个人就创造出了将近10种悖论，其中最负盛名的，就是"阿喀琉斯追乌龟"。

想象一下，阿喀琉斯（一位著名的运动健将、"希腊第一勇士"）和一只乌龟，赛跑。为了平衡一下双方实力，乌龟被允许领先一段距离起跑，比如说领先100米好了。尽管乌龟具有这样的优势，然而在我们看来，奔跑速度远远大于乌龟的阿喀琉斯都将很快赶超乌龟，赢得比赛。然而，芝诺却向我们证明了相反的结果。芝诺说，比赛的路程可以被分为若干个阶段，为了追赶上乌龟，阿喀琉斯必须至少先跑过乌龟领先的100米。而当阿喀琉斯跑过这100米的时候，乌龟也前进了一段距离，因此，阿喀琉斯必须要再跑过这段距离才能追上乌龟。可是当阿喀琉斯跑完这段距离的时候，乌龟又会往前移动一段距离。因此，每次阿喀琉斯跑完了乌龟领先的一段距离，乌龟都会继续再领先一段距离……

总之，每次阿喀琉斯跑到之前乌龟所在的地方的时候，乌龟都又前进了一段距离，阿喀琉斯始终也追不上乌龟。这个"追赶"的过程可以一直持续下去，不管重复多少次，都是真的！因此，阿喀琉斯看上去总是越来越接近乌龟，可是永远也无法超过它。

很荒谬吧，不是吗？但是只要亲自下场验证一下就能知道，阿喀琉斯真的是分分钟就能超越乌龟。然而，芝诺的推演过程看上去很牢靠，似乎很难寻找到什么逻辑上的错误。

数学家们花了很长很长的时间，才终于明白这个悖论实际上是巧妙地玩弄了"无限"的概念。假设乌龟和阿喀琉斯沿着直线跑，他们的运动轨迹可以看作欧几里得所谓的"线段"。一条线段具有一个有限的长度，尽管它是由无限个点构成的，而每个点的长度都等于0。所以，在某种程度上说，这是一种有限中的无限。芝诺悖论切割了时间间隔，使得阿喀琉斯追赶乌龟的时间间隔变得越来越小。然而，这些无限的阶段却发生在有限的时间内，因此，当时间被突破的时候，就没有什么能够阻挡住阿喀琉斯追上乌龟的脚步了。

毫无疑问，数学中的"无限"概念绝对是悖论产生的最大来源，然而"无限"同时也是一些最迷人的数学理论产生的摇篮。

纵观历史，数学家们与悖论之间一直保持着一种暧昧的关系。一方面，对于数学家们来说，悖论的出现代表了最严重的危机。一旦某一天，某个理论衍生出了一个悖论，那么这个理论的所有基础，也就是我们依据公理创造出来的所有定理，将纷纷倒塌。但是另一方面，悖论意味着挑战！悖论是一种非常令人兴奋的、丰富的问题来源。悖论的存在意味着有什么东西正在困扰着我们，原因是我们错误地理解了一个概念，或者错误地提出了一个定义，或者错误地选择了一个公理。因为我们太过想当然，把一个明显不是"显然"的事情当成了显然。悖论是通往冒险的邀请函，这张邀请函让我们不得不重新思考之前最熟悉的那些"理所当然"。如果没有悖论不断地怂恿着我们前进，那么我们将错过多少新想法和新理论呢？

芝诺悖论激发了关于无限和测量的新概念。说谎者悖论吸引着逻辑学家们继续追寻"真理"和"可证明性"的深层概念。甚至在今天，还有很多学者会去分析、研究那些在古希腊学者们提出的悖论中已经初露峥嵘的数学问题。

1924 年，数学家斯特凡·巴拿赫和阿尔弗雷德·塔斯基提出了一个悖论，今天我们称之为"巴拿赫 – 塔斯基悖论"，它挑战了拼图的原则性问题。该"悖论"让这个显而易见的原则看上去变成了一个重大缺陷。巴拿赫和塔斯基描绘了一个三维的拼图，然而，鉴于我们组装"碎片"的方式不同，这个三维几何体的体积也可能是不同的！我们随后会再讨论这个问题。然而，巴拿赫和塔斯基设想的"碎片"是如此奇形怪状和不规则，可以说和古希腊几何学家们掌握的所有几何形状都没什么关系。请别担心，当"碎片"的形状是三角形、正方形或者其他经典形状的时候，拼图规则就始终是有效的。刘徽对于勾股定理的证明过程仍然成立。

但这可以看作给我们的"教训"！让我们对那些"显而易见"持怀疑态度吧，让我们为这个由古希腊学者们打开的数学世界中存在的种种谜团感到惊喜和讶异吧。

第六章

从 π 到坏 [1]

2015 年 3 月 14 日，我来到了巴黎市的发现宫，这天可是个大节日哩！

20 世纪 30 年代初期，法国物理学家、诺贝尔奖获得者让·佩兰构想了一个科学中心的项目，旨在激起公众对于科学领域中的研究进展的兴趣。于是，发现宫建于 1937 年，地点位于离香榭丽舍大街不远的地方；发现宫占据大皇宫的整个西侧厢房，占地 2.5 万平方米。最开始的展览只持续了 6 个月，但因为展出大获成功，所以从 1938 年开始，这个临时的展览就变成了永久性的。发现宫开馆 25 年后，每年依然会接待数

---

[1] 译注：作者用了一个谐音游戏，法语中，π 和"更坏"（pis）的发音是一样的，所以这个标题的谐音意为"越来越坏"。

十万的游客。

从地铁口出来，我沿着富兰克林·罗斯福总统大道，一路走进发现宫。我踏上台阶，拾级而上，突然，一个小细节吸引了我的注意力：4, 2, 0, 1, 9, 8, 9。这串奇怪的数字印在了地板上，扭曲地沿着台阶延伸，似乎一路"钻进"了宫殿内部。这可真不寻常！上次我来这儿的时候，还没有这些数字呢。于是我沿着数字走：1, 3, 0, 0, 1, 9。我进入了发现宫。数字还在继续：1, 7, 1, 2, 2, 6。它们穿越了圆形的中央大厅，一路直奔大楼梯而去：7, 6, 6, 9, 1, 4。我急急忙忙跑上台阶，一路跑过天文馆的入口，然后向左转：5, 0, 2, 4, 4, 5。这串数字将我直接带到了数学分部。我的目光随着它们扶摇而上，离开地面，沿着墙面攀升：5, 1, 8, 7, 0, 7。最终，万流入海，它们回到了源头。我站在一个巨大的圆形房间的中央，红色与黑色的数字越来越大，它们盘旋交错，依然一路走高。最终，我的视线捕捉到了这串数字的开头：3, 1, 4, 1, 5……原来我所在的地方，就是发现宫极具特色的标志性场所之一：π厅（圆周率厅）。

数字 π 无疑是最著名的、最迷人的数学常数。π 厅的圆形结构让我想起了 π 的数值与几何学中的圆紧密相关：圆的周长等于直径乘以 π。字母 π 是希腊字母中的第 16 个字母，相当于 26 个字母表中的 P，而 P 是法语"直径"（périmètre）一词的首字母。π 的数值并不大，只比 3 大一点点，但是它的小数点展开却是无限的：3.141 592 653 589 79……

通常情况下，游客们能够在这个房间里看到 π 小数点后的 704 位数字，它们围绕着 π 厅的圆筒形墙壁一路盘旋。但是今天，数字们离家出走了！在整个发现宫中，它们到处都是，甚至还跑到了街上。现在这些数字，大概是 π 小数点后 1000 多位。我们必须要指出的是，这一天是历史性的。2015 年 3 月 14 日，正是世纪 π 节！

历史上的第一个"π 节"于 1988 年 3 月 14 日在美国的探索博物馆举办，探索博物馆算是巴黎发现宫的姊妹博物馆，位于旧金山市中心。每年第 3 个月的第 14 天，也就是 3/14，是一个非常适合庆祝 π 的日子，因为 3.14 就是我们通常使用的近似 π 值，精确到小数点后两位。自那时起，这个创意被世界各地的追随者和爱好者效仿，他们每年都聚集在一起庆祝 π 这个常数，进而庆祝所有数学知识的存在。因为一年一度的庆祝活动影响范围如此之大，因此在 2009 年，美国众议院正式通过将每年的 3 月 14 日定为"圆周率日"（π 节）。

到了 2015 年，π 的迷弟迷妹们更加迫不及待地等待着"圆周率日"的到来。这一天，是 3/14/15，加上年份，正好是 π 小数点后的第三位和第四位。今年的庆祝活动必将无比盛大。出于这样的原因，巴黎发现宫的整个数学部门都忙得脚不沾地，这也正是我今天来到这里的原因。我将和其他一些数学家一起，全力帮助发现宫的同事们为观众们带来"数学力满满"的一天。

如果说 π 的发现是几何学的功劳，那么随后，π 的重要性已经渗透进了大部分的数学分支之中。π 是数学常数中的"千面女郎"。在算术学、代数学、数学分析、概率学等领域，几乎没有任何一位数学家——不管他从事的是哪一领域的研究——从来没有和 π 打过交道。在发现宫的中心位置，圆形的 π 厅熙熙攘攘，热闹非凡，小花样繁多。在这里，游客们被邀请估算被随机扔在木板上的一组针的数量；在那边，他们观察乘法口诀表上的数字出现的概率；地面上，一只镶嵌小木板的圆盘表面上趴满了孩子，还有一组人在忙着研究一个车轮上的定点在平面上滚动时的运动轨迹。而所有的这一切，最终都会指向同一个结果：3.1415……

在更远一点的地方，组委会邀请观众们在 π 的小数点后的数列中寻找他们的出生日期。一个年轻的小伙子应邀尝试，他出生在 1994 年 9 月 25 日。结果很快就出来了，数列 25091994 出现在 π 的小数点后第 12 785 022 位。数学家们推测，任意一组数列，不管它有多长，都会在 π 的小数点后的某一处出现。计算机的模拟似乎也证实了这一点：到目前为止，所有人们想要寻找的数列，最终都在 π 中找到了。然而，目前还没有人能够提供无可辩驳的证据，证明上述推测是毋庸置疑的。

一个 12 岁左右的小姑娘走近了我。她看上去似乎被围绕在我们周围的奇怪仪器所吸引，然后投给我一个询问的眼神。

"你想知道这些到底是什么东西，对吗？你听说过数字 π 吗？"

"当然啦！"她大声地说道，"π 就是 3.14。哦不对……π 是接近 3.14……我们课上学过了，它是用来计算圆周的周长的。我们还学了那首诗呢。"

"诗？"

她眯起眼睛，好像在努力回想，然后开始背诵起来。

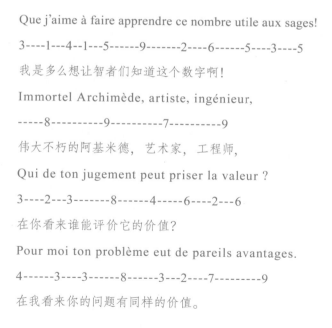

Que j'aime à faire apprendre ce nombre utile aux sages!

3----1---4--1---5------9-------2----6------5---3----5

我是多么想让智者们知道这个数字啊！

Immortel Archimède, artiste, ingénieur,

-----8----------9----------7----------9

伟大不朽的阿基米德，艺术家，工程师，

Qui de ton jugement peut priser la valeur ?

3----2---3-------8------4-----6---2---6

在你看来谁能评价它的价值？

Pour moi ton problème eut de pareils avantages.

4------3----3------8------3---2---7--------9

在我看来你的问题有同样的价值。

听到这首儿歌的时候，我不由得笑了起来。在小的时候，我也背诵过这样的诗，只不过长大之后就忘记了。这首诗的原理特别巧妙：为了背诵 π 的数值，只需要数一数这首诗每个单词的字母数就可以了。多么（que）=3；我（j）=1；想（aime）=4……以此类推。这首 π 诗在不同的语言中有许多变种，其中著名的版本之一，是对爱伦·坡所作的一首英文诗的改编，能够直接追踪到 π 小数点后的 740 位[1]！

"真不错！"我表扬了她，"我觉得我自己都没有你记得这么牢。但是，跟我说说看，你刚才背诵的诗歌里有提到阿基米德，对吧？你知道他是谁吗？"

我可真是给小姑娘出了个难题。她噘起嘴，耸了耸肩。看来，有必要进行一次时光旅行了。我铺开了一个链接而成的

---

[1] 1845 年，爱伦·坡发表了他的著名诗歌《乌鸦》；1995 年，迈克尔·基思对这首诗做了改编和再创作，题目为《靠近一只乌鸦》，这首诗完全遵循数学常数 π。开头几句是这样写的：

Poe E.

3----1

爱伦坡。

Near a Raven.

4-----1----5

靠近一只乌鸦。

Midnights so dreary, tired and weary.

9-----------2----6-------5----3-----5

午夜是如此的凄凉，疲惫和厌倦。

Silently pondering volumes extolling all by-now obsolete lore.

8-------------9----------7---------9------3---2---3-------8------4

默默地沉思着，被赞美的渊博现已成为过时的知识。

大圆，大圆内部由一大堆三角形拼贴而成。我们要去的地方是西西里。2300 年前，锡拉库萨古城。阿基米德就在那里等着我们。

夏蝉在烈日下歌唱，街道上充斥着来自地中海各地的香料味道，橄榄、鱼和葡萄在商人们的货摊上并排陈列。在城市的北方，埃特纳火山雄伟的身影从地平线上拔地而起；在西部，肥沃的平原保证了殖民地的欣欣向荣；而在东方，双港口面朝大海开放。锡拉库萨已经具有了声望和影响力，因为它正是整个地区重要的海上十字路口之一。5 个世纪之前，来自科林斯的希腊人在这里建立了锡拉库萨城——地中海沿岸最繁华的城市。

公元前 287 年，一位极具创造力的天才出生在锡拉库萨，他将会开创一种新的数学风格。阿基米德，是人类历史上最伟大的发明家、解题者，是那些具有提出全新的、革命性的想法之能力的人物中的佼佼者。是他发现了杠杆原理，也是他发明了螺旋抽水机。根据传说，阿基米德在泡澡的时候，脑海中突然灵光一闪，随即脱口喊出他著名的口号"尤里卡"（希腊语：我发现了）。他发现了如今以他的名字命名的阿基米德浮力原理：浸在流体中的物体（全部或部分）受到竖直向上的浮力，其大小等于物体所排开流体的重力。这个原理，对于比水轻、漂浮在水上的物体，和比水沉、沉在水底的物体同样适用。人们还传说，在锡拉库萨城被罗马人的舰队围攻的那一天，阿基米德发明了一个反射镜系统，能够集中太阳的光线，灼烧那些靠得越来越近的敌方军舰。

在数学领域，也是阿基米德取得了人类在 π 值计算上的第一个伟大的进步。在阿基米德之前，也有人对圆周产生兴趣，但是他们的研究方法往往缺乏严谨性。请回想前文提到的《九章算术》中的记载："今有圆田，周三十步，径十步。"这样的数据表明了 π 的数值应该是 3。在雅赫摩斯的莎草纸上，记载着"化圆为方"问题的近似解决方案，认为 π 的数值应该约等于 3.16。

阿基米德明白，计算 π 的准确数值是很困难的，甚至是不可能的事情。因此，他所能做到的，也不得不只是计算出一个 π 的近似值，但是他的计算方法却是卓越的，其中有两个突出的地方。首先，在阿基米德之前，人们认为，或许会有一种精确的方法计算 π 值，而这位西西里的学者却非常清楚，我们竭尽全力也只能得到 π 的近似值。其次，阿基米德估算了他获得的近似值和 π 的真实数值之间的区别，然后不断完善他的方法，使得两者之间的区别越来越小。

经过不断的验算，阿基米德得出结论，π 的精确值应该落在两个数值之间的区域中，用现在的十进制方法表示，就是 3.1408 和 3.1428 之间。总而言之，阿基米德已经认识到，他的估算值误差在 0.03% 左右。

阿基米德的方法

　　为了计算 π 的数值，阿基米德使用规则的多边形来外接（内切）圆周。如图1所示，一个直径为1个单位的圆周，它的周长为 π，首先用一个正方形来外接这个圆。

　　图1的正方形边长为1（等于该圆的直径），因此周长为4。因为该圆的周长比这个正方形的周长要小，由此可见，π 是小于4的。

　　相反，如果在圆周中内切一个正六边形，如图2所示，

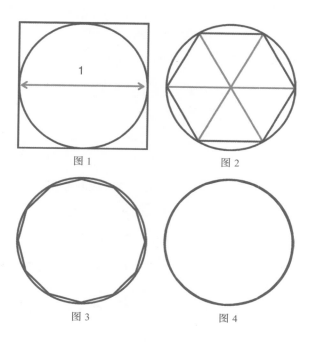

图1　　　　　　　　　　　图2

图3　　　　　　　　　　　图4

该正六边形是由 6 个边长为 0.5 个单位（直径的一半）的等边三角形构成的。于是，该正六边形的周长为 6×0.5=3。因此我们得出结论，π 的数值比 3 大！

好了，到目前为止，没什么激动人心的事儿发生，（3,4）这个区间依然非常不精确。为了进一步缩小这个区间，我们现在有必要增加正多边形的边数。如果我们将正六边形的每条边一分为二，那么将得到一个正十二边形，比此前的正六边形更靠近圆周。（图 3）

经过一番烦琐的（主要基于毕达哥拉斯定理）几何计算之后，我们得出结论，以上正十二边形的周长约为 3.11。于是，π 的数值必然要大于这个数字。

为了将估值区间精确到小数点后 3 位，阿基米德重复了三次如上的操作。他将正多边形每一条边长一分为二，然后分别获得了正二十四边形、正四十八边形和正九十六边形！

如图 4 所示，你是不是看不见正多边形了？这是自然的，因为现在正多边形的每条边都非常靠近内圆周，因此肉眼几乎不可能分辨出来。这就是阿基米德得出 π 值是大于 3.1408 这个结论的过程。接下来，通过在圆的外部做外接的正多边形，并重复如上的过程，阿基米德得出结论，π 值小于 3.1428。

阿基米德的方法之所以强大，不仅是因为他得出了较为精确的结果，还因为这个过程可以不断地持续下去。只要我们持续地分割正多边形，就会得到越来越精确的区间。因此，从理论上说，我们能够获得想要的任意精度的π值，只要做好面对大量计算的心理准备和勇气就行。

　　据说，公元前212年，罗马军队最终攻占了锡拉库萨城。指挥这场攻城战役的马克卢斯将军命令士兵们赦免时年75岁的阿基米德。然而，城破之时，这位古希腊的学者还在专心致志地研究着他的几何问题，根本不知道周围发生了什么。当一位士兵从他身边走过的时候，正在地上作图的阿基米德漫不经心地说道："别弄乱了我的圆!"这位士兵恼羞成怒，一剑刺穿了阿基米德的身体。

　　马克卢斯将军为阿基米德修建了一座宏伟壮丽的坟墓，在墓的顶端，放置着一个内切于圆柱形的圆球，象征着阿基米德生前发现的出色定理之一。此后700年的漫长岁月中，罗马帝国从未出现过一位能与阿基米德齐名的数学大师。

　　古典时代即将以数学学科的衰落而告终。不久之后，罗马帝国将控制整个地中海沿岸，古希腊血统将在这个新的文化中被稀释。然而，有一个城市，将在接下来的若干个世纪中延续古希腊数学家们的精神，那就是亚历山大港。

　　在南征北战的过程中，亚历山大大帝于公元前332年的年末征服了古埃及。他只在埃及停留了几个月的时间，其间，他在孟菲斯宣布成为埃及的法老，并且决定在埃及的地中海沿岸建造一座新的城市。但亚历山大从来没有亲眼见过这个以他的名字命名的城市。8年之后，他死在了巴比伦，帝国被他麾下的将军们瓜分，埃及成了托勒密一世的领地，新国王正好定都于亚历山大港。在托勒密一世统治期间，亚历山大港成为地中海沿岸最繁华的城市。

托勒密一世追随着由亚历山大大帝开创的伟大事业，在亚历山大港对面的法洛斯岛的东端，修建了举世闻名的亚历山大灯塔。不久之后，古希腊的作家们就意识到了亚历山大灯塔的特别和卓越，于是将它列入了世界七大奇迹之一，成为这个名单的第七位也是最后一位成员。

让我们在亚历山大灯塔这里停留片刻，作为勇敢的游客，攀上数百级台阶，沿着螺旋式楼梯抵达灯塔顶端，欣赏一下无与伦比的海港全景。看北边，那一望无际的地中海。从里看去，最远能够看到50多千米之外的商船。看哪，眼前就有一艘载满了货物的商船，缓缓地从你眼前驶过，渐渐地进入亚历山大港。它或许来自雅典、锡拉库萨，甚至马萨利亚——一座充满活力的高卢南部城市（我们今天称之为马赛）。现在，让我们转身，朝南方看去，你将看到的是尼罗河三角洲。在5000米开外的地方，你会看到一潭穿越三角洲的开阔咸水湖：马里欧提斯湖。在湖与海之间的这片土地上，亚历山大港正散发着它迷人的光辉。这是一座全新的现代化城市，在这里或那里，你总是能见到一些正在施工的建筑。

在法洛斯岛上，亚历山大灯塔并不孤单，它还有伊希斯神庙相伴。为了前往法洛斯岛，亚历山大港人必须经过一条长达1300米的甬道，这条甬道位于一道堤坝之上，将港口分成两个独立的海岸。从灯塔的顶部向下看去，你能够看到路过的行人们细小的身影。离开法洛斯岛回到大陆，首先踏上的是皇家的领地。在那里，有托勒密王室的宫殿、剧院，以及波塞冬神庙。再往西一点点，有一座特别能吸引我们注意力的奇妙建筑。那就是亚历山大博物馆。我们现在就要去往那里。

这座伟大的博物馆旨在保存古希腊文化的传承，托勒密一世想要把亚历山大港打造成一座能够与雅典媲美的、具有超大规模的文化中心之城。为此，他可真是想尽了办法！旅居在亚历山大博物馆的学者们过着养尊处优的生活。他们享受免费食宿，因为做研究而获得薪水，国王甚至还为他们建造了一座巨大的图书馆，也就是传说中家喻户晓的亚历山大图书馆！或许，比起曾经在亚历山大博物馆工作过的伟大科学家们，这座亚历山大图书馆更能够代表亚历山大博物馆的威望，因此也更加名声在外。

为了扩充图书馆的馆藏，托勒密一世的策略很简单：一切停靠在亚历山大港的船只，都必须上交船上的所有书籍。这些书将被复制，最后还给商船的是复制版，而原始的版本则直接进入亚历山大图书馆的馆藏。不久之后，托勒密一世的儿子和继承者托勒密二世，向世界各地的国王们发出呼吁，希望他们能寄来各自领土之内最著名的书籍的拷贝。在正式开幕的那天，亚历山大图书馆的馆藏已经将近40万册！不久之后，这个数字就达到了70万。

托勒密一世的计划将会得到完美的实践。在接下来的7个世纪中，学者们相继来到亚历山大港，此时的亚历山大港已经成为知识界的中心，在地中海世界其他地方所缺少的活力将在这里被完好地保留下来。

在亚历山大博物馆著名的居住者中，就有埃拉托斯特尼，我们知道，正是他第一个精确地测量出了地球的周长；欧几里得也正是在这里撰写出了《几何原本》的大部分原稿；一位叫丢番图的人在这里写下了一本著名的关于方程的书，如今我们称之为"丢番图方程"。公元2世纪的时候，依然是在亚历山大港，克罗狄斯·托勒密（他和托勒密一世没有任何关系）写出了他著名的《天文学大成》，这本书囊括了大量当时人们对天文学和数学的认知。尽管在《天文学大成》中，托勒密认为太阳是围绕着地球运转的，而这一认知要到16世纪，由哥白尼来"搅动风云"。

亚历山大港并不仅仅包括那些撰写或者开创新知识的学者们。围绕着亚历山大博物馆，由誊写人、译者、书评人和出版人构成的整个生态系统也在逐渐形成。整座城市人口发达，兴旺繁荣。

可惜，到了公元 4 世纪的时候，平静终于被打破了。391 年 6 月 16 日，罗马帝国的狄奥多西一世因为希望能够加速整个帝国人民对基督教的皈依，公布了一项法令，禁止一切异教崇拜。亚历山大博物馆虽然并不是一座真正的神庙，却受到了帝王决定的影响，很快被关闭了。

当时，在亚历山大港的知识界有一位叫作希帕提娅的女性学者，她的父亲席恩在亚历山大博物馆被关闭的时候任馆长。然而，博物馆的关闭并没有影响城中的科学家继续他们的研究工作。不久之后，索克拉蒂斯[1]写道，数不胜数的亚历山大港人聚集在希帕提娅身边听她讲学，因为希帕提娅的学识之渊博，已经超越了同时代的所有男性。希帕提娅是数学家和哲学家，也是出现在我们的历史中的第一位女性数学家。

第一位吗？也不尽然。在希帕提娅之前，也有女性从事过数学研究，但是她们的作品或者生平传记并没有流传下来。在毕达哥拉斯学派当中，被录取的女性信徒尤其多。她们当中有些人的名字流传了下来，比如西雅娜（Théano），奥朵查理姐（Autocharidas）和阿波特丽雅（Habrotéléia）。但是我们也必须承认，我们对于她们几乎一无所知。

---

[1] 译注：索克拉蒂斯（380 — 450 年），拜占庭教会历史学家和法律顾问，首位撰写教会史的信徒。

希帕提娅的著作并没有流传下来，只言片语都没有，但是很多的资料中提到了她的研究。她的研究兴趣主要集中在算术、几何和天文学方面。尤其值得注意的是，她延续了几个世纪之前丢番图和托勒密所开创的研究工作。希帕提娅同时还是一位高产的发明家。她发明了比重计，巧妙地利用了阿基米德浮力原理，使得测量液体的浓度成为可能，此外，她还发明了一种新型的天体观测仪，让天文学观测变得更加容易。

不幸的是，希帕提娅的传奇没能续写下去。415 年，她招来了这座城市中基督徒的怒火，他们追捕她，最终将她谋杀，她的尸体被切成碎片并焚烧。

在亚历山大博物馆被关闭和希帕提娅被谋杀之后，亚历山大港的科学圣火很快就熄灭了。亚历山大图书馆的馆藏几乎无一幸免。火灾、抢劫、海啸和地震一次次地洗劫这座城市，虽然我们并不能清楚地知道亚历山大图书馆是何时以及如何消失的，但有一点可以确认：在公元 7 世纪的时候，那里什么都没有了。

一个时代结束了。然而，虽然历史的道路崎岖逶迤，但是古希腊的数学很快就会找到其他途径来到我们身边。

第七章

零和负数

　　位于中国西藏的冈仁波齐峰海拔 6714 米，是人类至今还没有登上的高峰之一。它的轮廓浑圆，灰色花岗岩山体之上终年覆盖着积雪，形成了一道道深深浅浅的沟壑，在喜马拉雅山脉西部一带，冈仁波齐峰的庞大身躯极其突出，默然俯瞰着脚下的风景。对于生活在这一区域的居民来说，无论他们是印度教徒还是佛教徒，冈仁波齐峰都是一座神圣的山峰，承载着祖先们的神话故事和精彩传说。甚至有传闻，它就是传说中的须弥山，而在当地的神话传说中，须弥山标志着宇宙的中心。

　　在冈仁波齐峰，隐藏着当地七条神圣河流之一的印度河的源头。

离开冈仁波齐峰的山坡，印度河一路向东流去，曲折蜿蜒的流水很快在高原的群山之间冲刷出一条小径，甫一离开山谷，印度河掉头向南，缓缓地向下流淌。它流经印度旁遮普邦平原和现今巴基斯坦境内的信德省，形成了印度河三角洲，最后一头扎入阿拉伯海。印度河流域土地肥沃，在古代，这一区域覆盖着大量的、浓密的森林植被。亚洲象、犀牛、孟加拉虎、大量的猴子与蛇——不久之后，它们就将随着弄蛇术者的笛声翩翩起舞——出没于森林之中。每当小路蜿蜒转弯，我们都期望能与毛克利（《丛林奇谈》中的小小人）不期而遇，因为这片丛林中到处都是他的冒险故事。正是在这片丛林里，一个新颖的、低调的文明即将诞生，这个文明中发展出来的数学知识，将在中世纪初期扮演决定性的角色。

　　从公元前 3000 年左右起，一些重要的城市，如摩亨佐-达罗或者哈拉帕，陆陆续续地出现在印度河流域。从远处望去，这些由黏土砖块搭建而成的城市看上去有点儿像同时代的美索不达米亚文明。公元前 2000 年左右，吠陀文化出现了。整个地区分裂成了许多小王国，这些小国度不断"繁衍"，一直向东直到恒河沿岸；印度教诞生并且发展壮大，出现了第一批由梵文书写的重要文本。公元前 4 世纪，亚历山大大帝抵达印度河流域，在当地建立了两座取名为亚历山大的城市，这两座城市的人民当然不会知道，他们有一座姐妹城市坐落于古埃及，也不会知道亚历山大港的传奇命运。随着亚历山大大帝的军队，一部分古希腊文化进入了印度。然后，印度的大帝国时代到来了。在一个世纪出头的时间内，孔雀王朝几乎统治了南亚次大陆的全部疆域。孔雀王朝之后，是一长串的王朝更迭，有时几个王朝也会差不多和平共存，一直到8世纪，印度被阿拉伯人征服。

在千百年漫长的岁月中，印度人一直在孜孜不倦地发展着他们的数学，很可惜，对此我们知之甚少。这种"无知"产生的原因非常简单：自从吠陀文化时期开始，印度的学者群体已经开始出现并逐渐壮大，然而他们却必须遵循一条原则，即所有的知识都只能通过口口相传，禁止以书面形式记录下来。因此，知识必须通过话语的方式传递，从上一代到下一代，从老师到学生。知识的内容被他们牢记在心——通常以诗歌的形式，或者还伴随着一些记忆技巧，然后被反复地背诵和一遍遍地讲述，直到人们完全地掌握了这些知识为止。虽然我们时不时地也能发现一些例外，一些书面记录的片段幸存下来，流传到我们手里，但是总体而言收获是少得可怜的。

然而，古印度人发展了数学！否则，我们要怎么解释在公元5世纪左右，大量来自印度的数学概念涌入了西方文化当中呢，难道印度人在口口相传了几个世纪之后，终于决定把他们累积的数学知识记录下来了吗？彼时，印度即将经历一个科学的黄金时代，并且很快，印度科学就会传遍全世界。

印度的学者们开始编写很长的论文，内容包括从他们的祖先那里流传下来的科学知识，然后再由他们通过自己的发现做进一步的补全。在最有名的一批印度学者中，我们发现了阿耶波多的名字，他不但对天文学感兴趣，还计算出了近似程度非常高的 π 值；伐罗诃密希罗发展了三角学；还有婆什迦罗，他是第一个使用圆圈形状表示零的人，也是第一个科学地使用十进制系统的人，这个系统今天的我们依然在使用。是的，我们的 10 个数字——0, 1, 2, 3, 4, 5, 6, 7, 8, 9，也就是平时我们常说的"阿拉伯数字"，实际上是从印度来的！

然而，如果说只能从这一时期的所有印度学者中选择一位来铭记的话，那么历史毫无疑问会选择婆罗摩笈多。婆罗摩笈多生活在公元 7 世纪的印度，是乌贾因天文台的台长。在当时，坐落在西普拉河右岸的——位于现今印度中央邦的——乌贾因市，是印度规模最大的科学中心。彼时，乌贾因的天文观测已经声名在外，在古埃及亚历山大港辉煌的时期，克罗狄斯·托勒密已经知道这座城市的存在。

公元 628 年，婆罗摩笈多发表了他最重要的著作:《婆罗摩修正体系》。在这本书中出现了第一个对于数字零和负数，以及它们的算术性质的完整描述。

在今天，数字零和负数在我们的日常生活中无处不在，比如测量温度、测量海拔高度，或者甚至用来表示我们银行账户上的结余，我们几乎都快要忘记了它们是多么伟大、多么天才的想法！零与负数的发明，可以看作一种非比寻常的头脑风暴的结果，而印度的学者们首先将这个过程发展到极致完美。同时理解这一过程的精妙和给力是一个非常愉悦的思考过程，我们必须在此停留片刻——如果我们希望能够深入地了解那些即将在接下来的几个世纪中彻底搅动数学界风云的伟大发现。

当对公众表达我对数学的看法时，人们常问的问题之一就是我为什么会对数学感兴趣。"这种奇怪的爱好到底是怎么来的呢？"人们有时会这样问我。"是不是你曾经有一位特别的数学老师，把他的热忱传递给了你？""当你还是个孩子的时候就已经喜欢上数学了吗？"突如其来的、对数学产生的"使命感"总是能引起人们的好奇心，但就算知道了前因后果，数学对于人们来说仍然是神秘而晦涩的。

说实话，我不得不承认我并不知道以上问题的答案。在记忆中，我一直都热爱数学，我也找不出生命中某一个特殊的事件最终引领我走上这条道路。然而，当我在记忆中更仔细地搜寻时，想起了一些让我感到精神上非常愉悦的回忆，这些回忆往往是关于我脑海中突然出现的一些新想法的。举例来说，比如当我发现乘法令人不可思议的属性的时候。

那时的我，大概 9 ～ 10 岁的样子，有一天，我正随手拨弄着小学生计算器，然后得到了一个奇怪的结果：10×0.5=5。

10 乘以 0.5 的结果是 5，天哪，我的计算器可真敢说啊，我居然会一直对它充满着盲目且不合理的信任。当我们做乘法的时候，得到的结果居然比原来更小，这怎么可能呢？乘法的本质，不是应该增加被乘数字的数值吗？而现在这个结果，不正好与"乘法"[1] 这个词的含义相反吗？为什么我亲爱的计算器不能好好工作，给我一个大于 10 的数字呢？

我花了好长时间思考，在长达几周的时间内，我经常会想起这件事，最后我终于弄清楚了。灵感最终来敲门的那一天，我试着用几何的方法来表示乘法，这是一条古典时期的思想家们曾经走过的路，当然那时的我并不知道。取一个矩形，长度为 10 个单位，宽度为 0.5 个单位。这个矩形的面积等于 5 个边长为 1 个单位的小正方形的面积和。

换句话说，乘以 0.5 其实相当于除以 2。同样的原则也适用于其他的数字。乘以 0.25 相当于除以 4；乘以 0.1 相当于除以 10，以此类推。

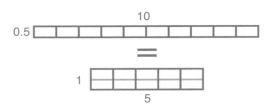

---

[1] 译注：法语中乘法（multiplier）一词，也有"增加"的意思。

这种解释很有说服力，但是这个结论却多多少少有着令人感到不安的一面："乘法"（multiplication）这个词，在日常生活中和数学领域中的含义并不是完全一致的。毕竟，在日常生活中，谁会在出售了一半面积的花园之后，声称自己"扩大了"花园的面积啊？谁会在自己的资产缩减为 50% 的时候说自己的财富"增值"了啊？在这种情况下，"分面包"[1]就会成为人人都能玩儿得转的"神迹"：吃掉一半的面包，然后大功告成！

一旦你第一次发现它们，这些思考就会不停地刺激着你的大脑。它们会在心灵中留下某些非常美妙的困扰和回声，好比一个非常精妙的填字游戏。总而言之，在我幼年的时候，这些稀奇古怪的发现就会产生这样的效果。若干年之后，当我读到数学家庞加莱于 1908 年出版的《科学与方法》一书的时候，这种奇怪的感觉再次出现在我脑海里，只是这一次更加清晰，庞加莱这样写道："数学是一门赋予不同事物以同样名字的艺术。"

说实话，我们必须认识到，这句话毫无疑问可以适用于任何语言。比如"水果"这个词，可以指苹果、樱桃或者番茄

---

[1] 译注：这里用的是《圣经》里耶稣分面包的典故。在《约翰福音》中，有耶稣用 5 个面包和 2 条鱼喂饱了 5000 人的故事。显然，耶稣分面包是越分越多的，这里"越分越多"可以用法语 multiplication 一词来表示，同样，multiplication 还可以表示"乘法"，因此耶稣分面包也可以理解为"给面包数量做个乘法"，所以作者才说，吃掉一半的面包（相当于乘以 0.5），耶稣的分面包（面包乘法）"神迹"也就大功告成了。

等不同的事物。每一个这种类型的词都包含了一群不同的事物，而这些事物中的每一个本身又包含更多的子集合——只要我们做一个足够细致的植物学上的分析就成。然而，庞加莱正确地指出，没有任何一种语言能够比数学在这一过程中走得更远。数学能够达到其他任何语言都无法达到的比照。对于数学家来说，乘法和除法是同一种操作，乘以一个数字等于除以另外一个数字，一切都取决于你采取什么样的视角。

零与负数的发明也源自同样的心灵状态。想要创造出它们，我们必须要敢于沿着逆于自己语言的方向去思考。我们必须要重组那些具有同样想法的概念，即使这些概念在我们日常生活的语言中往往被用另外一种截然不同的方式来理解。印度学者们首先踏上了这条道路，并为后来人照亮了前进的方向。

如果我对你说，我已经在火星上漫步了若干次，或者我遇见了婆罗摩笈多若干回，你会相信我的话吗？可能不会吧。你不相信我是有道理的，因为在我们的语言中，这句话的意思是我的的确确已经在火星上漫步过了，也已经见过婆罗摩笈多了。然而，从数学的意义上说，只要把"若干"替换为数字零，那么你就能够明白，我并未撒谎。我们的语言，根据某件事情的"是"或者"非"而使用不同的结构，比如肯定是"我曾经在火星上漫步过"，否定则是"我没有在火星上漫步过"。而数学为了将它们归并到一个同样的句式之中，则会删除这些差异。"我在火星上漫步了若干次"，这个"若干"可能是数字零。

在几个世纪之前，古希腊人对于"1 是一个数字"这样的概念已经很难接受了，想象一下，将"数字"这个概念赋予"空无"会带来怎样的一场革命。在印度人之前，有一些人已经开始思考"零"这个问题，但是没有一个人能够成功地走到终点。公元前 3 世纪，美索不达米亚人首先发明了"0"这个符号。此前，在他们的记数系统中，数字 25 和数字 250 的写法是一样的。多亏了符号"0"的存在，表明了一个空的空间，杜绝了可能存在的困惑。然而，古巴比伦人从来没有赋予"0"以数字的地位，也就是说，彼时的"0"还没有单独存在，并表示"空无"的意思。

在世界的另一端，玛雅人也发明了零，他们甚至发明了两种零！第一种零，和古巴比伦人的"0"一样，只有简单的字符作用，用来在他们二十进制的记数系统中标记一个空的空间。第二种零与第一种相反，很有可能真的被视作一个数字，但是却只在他们的日历中才有使用。在玛雅历法中，每个月有 20 天，分别编码为 0 到 19。在这种情况下，零被单独使用，然而，它的用法却并不是数学的。玛雅人在进行算术运算的过程中，从来没有使用过数字零。

简而言之，婆罗摩笈多的确是第一个将零作为一个数字进行完整描述的人，同时他还描述了数字零的性质：任意数字减去其自身，得到的数字是零；任意一个数字加上或者减去零，结果依然是这个数字。这些算术性质看上去似乎是显而易见的，但是婆罗摩笈多能够如此清晰地描述它们，意味着从此时起，零最终作为一个数字加入了数字大军之中，它与其他数字具有同样的地位。

零的出现，为我们打开了通往负数的大门。然而，对于数学家来说，还需要很长一段时间的准备，才能最终将这扇门推开。

古代中国的学者们首先描述了性质与负数类似的数字。在《九章算术》的注释中，刘徽描述了一个能够代表正数和负数的彩色小竹棍（算筹）系统。一根红色算筹代表正数，一根黑色算筹代表负数。刘徽详细地解释了这两种类型的数字之间如何彼此作用，尤其是它们之间如何相加和相减。

这段描述实际上已经非常完善了，但是它距离终点仍然有一步之遥：当我们考虑正数和负数的时候，不应该将它们看成是两个不同的、能够相互作用的集合，而是应该将它们看成一个唯一的整体。当然了，在运算的时候，正数和负数并不总是具有相同的性质，但是首先，它们具有不少共同点，因此能够把它们归为一类。这种情况就像奇数和偶数，它们分别构成了两个具有不同算术性质的数族，然而它们依然属于同一个整数的大家族。

正数和负数之间的统一，如同数字零一样，也是由印度学者们率先完成的。贡献者依然是婆罗摩笈多，他在《婆罗摩修正体系》中记录了完整的研究过程。追寻着刘徽的脚步，婆罗摩笈多建立了一个完整的运算规则表，其中记录了关于这些新数字（负数）所有的运算原则。婆罗摩笈多教会了我们两个负数相加结果为负，比如 (–3)+(–5) = –8；正数与负数相乘结果为负，比如 (–3)×8 = –24；以及，两个负数相乘结果为正，比如 (–3)×(–8) = 24。最后这条看上去似乎很有违直觉，因此它也最难以被人们所接受。直到今天，它对于世界各地的小学生来说，都是一个声名在外的"陷阱"。

为什么负负得正？

在婆罗摩笈多定义了负数运算规则之后的几个世纪中，负数的乘法规则，尤其是"负负得正"的规则一直都在受到人们的猜疑和提问。

这些问题在很大程度上超越了数学家的世界，并且在学校的教学过程中引起了很多误解。19 世纪的时候，法国作家司汤达就曾在他的自传体小说《亨利·勃吕拉传》中表达过对这一规则的不理解。这位写出了《红与黑》和《帕尔马修道院》的作家这样写道：

在我看来，伪善不可能存在于数学之中，在我单纯的青年时代，我以为在所有的科学学科中都是这样的，毕竟据我所知，这种规则始终是适用的。所以，当我注意到了没有人能够给我解释为什么"负负得正"（−×−＝＋，这是被我们称为"代数"的这门学科的重要基础之一）的时候，我会怎么样呢？

比不给我解释这道难题（毫无疑问，这道难题是能够解释的，因为它能够通向真理）更糟糕的，是那些试图向我解释的人，他们试图用含混不清的理由说服我，而他们自己恐怕也搞不清楚……所以一直到今天，我还是这么对自己说："负负得正"一定是正确的，因为很显然，每一次按照这个规则计算的时候，我们都会得到可靠的、正确的答案。

当然，负数的乘法规则，第一眼看上去的确挺奇怪的，但是如果我们重新考虑一下古代中国学者们设计出来的算筹系统，就会发现这个规则是有意义的。比如，让我们使用这个系统来表示货币的收益或损失。想象一下，一支黑色的算筹表示收益 5 欧元，而一只灰色的算筹表示欠款 5 欧元，也就是 −5 欧元。所以，如果你有 10 根黑色算筹和 5 根灰色算筹，你的余额等于 25 欧元。

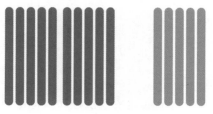

$$10 \times 5€ = 50€ \qquad 5 \times 5(-5€) = -25€$$

现在，让我们考虑一下当你的账户发生变动的时候，可能出现的几种情况。想象一下，别人给了你 4 根黑色算筹，于是你的余额增加了 20 欧元。换句话说，4×5=20，两个正数相乘结果为正，到目前为止没有什么问题。

现在，如果别人给了你 4 根灰色算筹，也就是 4 份债务，你的余额将减少 20 欧元。换句话说，4×(−5)=−20。正数乘以负数，结果为负。同样地，如果别人从你这里拿走了 4 根黑色算筹，你的余额也将减少 20 欧元，也就是 (−4)×5=−20。后面这两种情况说明，将债务赋予某人和从某人那里拿走资金实际上是同样的效果。增加负收益等于减少正收益。

现在，我们来到了一个至关重要的部分：如果有人从你的账户里拿走 4 根灰色的算筹，你的余额将会发生怎样的变化呢？换句话说，如果我们消除了你的债务，会发生什么呢？答案是明确的：你的余额会增加，你会得到更多的钱。这也

就很好地说明了 (−4)×(−5)=20。消除负数相当于增加正数！
因此，"负负得正"成立。

　　负数的到来也将彻底地改变加法和减法的意义，这种改变类似于"乘以 0.5 等同于除以 2"的情况。因为增加一个负数等于减去一个正数，于是加法和减法就此失去了它们在日常语言中的原有含义。毕竟，"加上"通常情况下是"增加"的同义词。然而，如果我加上的数字是 −3，得到的却是减去 3 的效果，比如 20+(−3)=17。同理，如果我减去的是 −3，效果相当于加 3：20−(−3)=23。再一次地，我们赋予了两种不同的事物以同样的名字。多亏了负数的出现，使加法和减法成为同一种运算的两个方面。

　　这种措辞上的混乱和看似的矛盾，比如"负负得正"，会明显减缓人们对负数的接受速度。在婆罗摩笈多身后很长的一段时间里，许多学者在面对这些非常实用但是又如此难以掌握的数字时，依然挑剔得紧。很多人称负数为"荒谬的数字"，他们只在一种情况下愿意在中间的运算过程中使用负数，那就是最后的结果中不会出现负数。一直到 19 世纪，甚至 20 世纪的时候，负数的合理性才被完全接受，负数的使用才被明确地采纳。

　　公元 711 年，两千骑兵和养驼人从西方而来，杀气腾腾地闯入了印度河流域。这些军队属于穆罕默德·伊本－卡西木，年方二十的青年阿拉伯指挥官。这些阿拉伯士兵装备更精良，备战更充分，最终击败了信德国王拉加·达希尔麾下 5 万人的军队，并且占领了信德地区和印度河三角洲一带。对于当地的居民来说，这是一桩悲剧事件，数千名印度教士兵被斩首，整个地区被洗劫一空。

然而，对于古代印度来说，这个年轻的阿拉伯帝国的到来，将带给印度数学在世界范围内传播的大好机会。阿拉伯的学者们很快将印度人的发现融入他们自己的研究当中，并且让它们在世界范围内产生共鸣，直到 21 世纪，在数学领域，还能听见那来自古印度的、悠悠不绝的回声。

第八章

三角原力

公元762年，我们又重新回到美索不达米亚平原——所有故事开始的地方。彼时，古巴比伦文明已经作古，只剩下一片断壁残垣，然而，不可思议的研究工作已经在距离此地100千米左右的北部地区展开了。正是在这里，底格里斯河的右岸，阿拔斯王朝的哈里发阿布·曼苏尔决定建立他的新首都。

此前，阿拉伯帝国刚刚经历了快速扩张的一个世纪。130年前，即公元632年，34岁的婆罗摩笈多刚刚完成《婆罗摩修正体系》；哈里发们一个接一个地继续着征服世界的征程，从西班牙南部到北非、波斯、美索不达米亚，一直抵达印度河流域。

阿布·曼苏尔治下的哈里发帝国，幅员超过 1000 万平方千米。就算在今天，这样大的领土也算得上世界第二大国，仅次于俄罗斯，但比加拿大、美国或者中国都要大。阿布·曼苏尔是一位英明的哈里发。为了建造新都城，他请来了阿拉伯世界最优秀的建筑师、工匠和艺术家。他将建筑地点和开工日期的选择，全权委托给了他请来的地理学家和天文学家。

为了打造他梦想中的城市，阿布·曼苏尔花费了 4 年时间，征用了超过 10 万的建筑工人。新首都的特点是它的轮廓——完美的正圆形。城郭由双层的同心圆构成，周长 8 千米，圆周上均匀分布着 112 座防御塔楼，同时沿着直径在东南西北四个方向的城墙上开了四扇城门。在城市的中心位置，是兵营、清真寺和哈里发宫殿，宫殿有着漂亮的绿色圆形穹顶，总高度在 50 米左右，方圆 20 千米的范围内都能看到。

新城竣工之时，被赋予 Madīnat as-Salām 之名，意思是"和平之城"。人们也称之为 Madīnat al-Anwār，即"光明之城"；或者 Āsimat ad-Dunyā，即"世界的首都"。然而，伴随着阿布·曼苏尔的这座城市真正被载入史册的，则是另外一个名字：巴格达。

很快，巴格达的人口就达到了数十万。这座城市位于主要贸易路线的交会处，城中的街道上挤满了来自世界各地的客商。货摊上铺满了丝绸、黄金和象牙，空气中充满了香水和香料的味道，城市中的人们低声传唱着来自远方的故事。

这是《一千零一夜》和传说故事的时代；是苏丹、大臣与公主的时代；是飞毯、精灵和神灯的时代。

阿布·曼苏尔和接替他的哈里发们，希望将巴格达建设成一座一流的文化与科学城市。于是，为了吸引那些伟大的学者们前来，哈里发们将使用一个成功性在1000年以前的亚历山大港就已经被证明的"诱饵"：一座图书馆。公元8世纪末期，哈里发哈伦·拉希德开始创建藏书馆，他希望能够保存那些从古希腊时期、古美索不达米亚时期、古埃及时期，以及古印度时期积累下来的知识，并让这些知识真正地"活"过来。

这一时期，大量的书籍被复制并被翻译成了阿拉伯语。彼时，依然还在知识界大量流传的、来自古希腊时期的著作首先被巴格达的学者们翻译成了阿拉伯语。几年之后，欧几里得的《几何原本》已经有若干个阿拉伯语版本问世。人们还翻译了阿基米德的数篇论文（包括《圆的测量》），托勒密的《天文学大成》及丢番图的《算术》。

公元9世纪初期，数学家花拉子米发表了他的重要著作之一《印度数字算术》。在这本书中，他描述了来自印度的十进制记数系统。多亏了花拉子米的工作，包括0在内的10个数字从此将传遍阿拉伯世界，进而被全世界的人们所接受。在阿拉伯语中，零写作zifr，意为"空"。在传向欧洲的过程中，这个单词"分裂"为两个部分：一部分变成了意大利语的"zefiro"，后来变成了法语的"zéro"（零）；另一部分变成了拉丁语的"cifra"，后来变成了法语的"chiffre"（数字）。在欧洲，人们忘记了这10个数字符号来源于印度，并称之为"阿拉伯数字"。

公元809年，哈伦·拉希德去世，他的儿子阿明继承哈里发位。阿明的统治时间并不长，公元813年，他被自己的兄弟马蒙废黜。

传说，有一天晚上，马蒙在梦中见到了亚里士多德来访。这次梦中的会面深深地影响了这位年轻的哈里发，他决定为科学研究事业增加新的推动力，并且随时欢迎世界各地的学者来到他的城市。因此，公元832年，巴格达图书馆成立了一个机构，旨在促进科学知识的保护和发展。这个机构被称为"Bayt al-Hikma"，即"智慧之家"，它独特的运行模式让人联想起了亚历山大港的博物馆。

哈里发马蒙在很大程度上参与了智慧之家的发展。他直接与外国交涉，比如拜占庭帝国，只为了将几本稀有的书籍引进巴格达，并且在巴格达复制和翻译成阿拉伯语；他命令学者们将科学书籍推广到整个哈里发的疆域；他有时甚至亲自参加科学或者哲学的辩论——在智慧之家，这样的辩论每星期至少有一次。

几个世纪之后，巴格达的智慧之家将会"散布"到整个阿拉伯世界。许多其他城市也将建设起自己的图书馆和专门招待学者的机构，其中最有影响力也最活跃的例子，包括公元 10 世纪安达卢西亚的科尔多瓦城、公元 11 世纪埃及的开罗城、公元 14 世纪位于现今摩洛哥的非斯城。

应该说，科学的这种从一个中心向地方分散的过程，在很大程度上因为一个来自中国的发明而变得更加容易，那就是纸。纸的到来几乎是一个偶然，那是在公元 751 年，在现今哈萨克斯坦地区爆发的怛罗斯之战的过程中实现的。[1] 纸让书籍更容易被复制和运输，从此，人们不再需要亲自前往巴格达，也能了解在数学、天文学和地理学方面最前沿的新发现。伟大的科学家们也能够在阿拉伯帝国的各个角落进行自己的研究、创作出革命性的新作品。

阿兰布拉宫的密铺

那些人类历史上伟大的灵魂在智慧之家内创造数学史的时候，在巴格达和其他阿拉伯城市的阡陌小巷中，历史通过另外一种方法继续着。原则上，伊斯兰教禁止在清真寺或者其他宗教场所出现人类或者动物的肖像。因此，为了恪守这一禁令，穆斯林艺术家们在装饰性几何图案的设计和发展中，

---

[1] 编注：近年已有学者考证，造纸术经怛罗斯之战西传为误传。造纸术在怛罗斯之战前已通过和平方式从唐属国拔汗那的首府浩罕传入中亚的撒马尔罕。

展现出了令人惊叹的创造力。

你应该还记得定居于美索不达米亚平原的古代部落中，第一批设计出花纹来装饰陶罐的那些工匠们。他们在不知不觉中发现了全部 7 种类型的腰线画法。那么，如果说一条腰线是在一个方向上重复某一图案的话，我们应该也可以想象在两个方向上重复这个图案，也就是铺满整个表面。这就是我们所说的"密铺"。巴格达与其他伊斯兰城市的街道将逐渐地换上华丽的几何新装，这将成为伊斯兰艺术制造的标志之一。

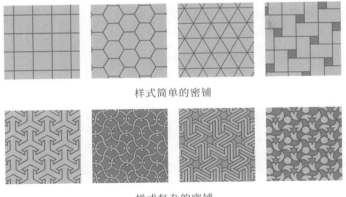

样式简单的密铺

样式复杂的密铺

不久之后，数学家们将会成功地证明，存在且只存在17 种类型的几何密铺，所有的密铺都是其中某一种类型的几何形变。而每一个类别的密铺，都能产生无数种不同的变体密铺。阿拉伯艺术家们在不知道这个定理的情况下，发现了全部17种类型的密铺，并且巧妙地将它们运用到建筑设计中，如同将它们运用到日常生活或者艺术装饰之中一样。

在安达卢西亚的首府格拉纳达，阿兰布拉宫是中世纪的伊斯兰世界在西班牙留下的引人注目的古迹之一。每一年，都有超过200万的游客到此参观，而很少有人知道的是，对于数学家来说，这座宫殿享有着特殊的声誉。事实上，阿兰布拉宫之所以声名在外，是因为在它的内部，从花园到大厅当中，能够找到全部17种类型的密铺——虽然有的时候需要花点儿工夫去"挖掘"。

所以，如果未来的某一天你来到格拉纳达，你知道不可错过的是什么了吧。

让我们在巴格达再多停留片刻，推开智慧之家的大门，看看里面到底有什么。这些阿拉伯的数学家们，在为我们精心创造什么样的新数学呢？在图书馆书架上堆放着的那些刚刚写好的新书，又是关于什么的呢？

在这一时期，发展最为迅速和成熟的学科之一是三角学，也就是关于测量三角形的研究。乍一看，这似乎令人有点儿失望：古代人已经对三角形做了研究，毕达哥拉斯定理就是证据。然而，阿拉伯人将他们对三角学的研究发展到了极致，使之成为一门非常精确的学科，阿拉伯数学家们得出的诸多结论，到今天我们依然在使用。

与人们想象中的可能有所不同，三角形并不总是那么容易理解的，在古典时代末期的时候，有很多方面还有待厘清。为了了解一个三角形，我们需要弄清楚它的 6 个主要信息：三条边的边长和三个角的度数。

然而，在实际工作中使用三角学测量的时候，测量两个方向的夹角往往比测量三角形两个顶点之间的距离更加容易。天文学就是一个最明显的例子。我们会观察夜空中的星星，但是两颗星星之间的距离是非常难以确定的，有的时候，人们不得不等上几个世纪来找到答案；而另一方面，测量这些星星彼此之间或者与地平线之间构成的角度就简单得多了，一个简单的八分仪——六分仪的前身——就足够了。同理，一位想要绘制地图的地理学家会发现，他可以很容易地测量出由三座山构成的三角形的三个角的角度。他所需要的不过是一台照准仪（一种带有瞄准系统的量角器）而已。为了给地图定向，只需要一个简单的罗盘，就能测量出正北方向和一个给定方向之间的角度。然而，测量给定三座山之间的距离，却需要一场沉闷无聊的旅行，以及更加复杂的计算。在这一点上，相信亚历山大大帝和他的土地测量员们是不会反驳我们的！

所以，三角学的目的是这样的：如何在测量尽可能少的距离的前提下，知道关于某个三角形的全部信息？通过这个问题，三角学的学者们发现自己面对的是一个类似于阿基米德早在 1000 多年前就被问到过的问题。首先，如果我们知道三角形三个角的大小，但是并不知道任意一条边长，我们能够推断这个三角形的形状，但是不能推断它的大小。作为证据，请看下面这组三角形，它们都有同样的内角，但是边长却不尽相同。

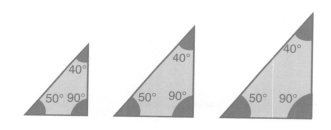

然而，这 3 个三角形却具有相同的比例。比如，如果我们想知道三角形最短的一条边边长除以最长的一条边边长等于多少，就会发现这 3 个三角形会给出同样的答案，那就是 0.64！这就有点儿类似于无论一个圆是大是小，它的周长总是等于直径乘以 π。

好吧，其实是差不多 0.64，这个数字不过是一个近似值。如同 π 的数值一样，这个数值不可能被精确地计算出来，我们不得不采用它的近似值。如果我们提高计算的精度，会得到 0.642 或者 0.642 78，但是这仍然是不精确的。在十进制的记数系统之下，这个数字的小数点之后会有无穷位（即无理数）。如果我们计算这些三角形中的其他边长之间的比例，情况也是一样。因此，我们得出结论，上述 3 个三角形中，斜边的边长乘以 0.766 等于较长的那条直角边边长，而较短的直角边乘以 1.192 也等于较长的那条直角边边长。

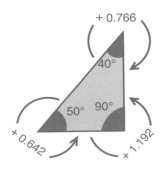

　　因为我们没有办法准确地给出这 3 个比例的精确值，为了更好地研究它们，数学家们给它们分别起了名字。根据时代和地点的不同，这些称呼也有所不同，但是在今天，我们统一称它们为"余弦"（cos）、"正弦"（sin）和"正切"（tan）。它们的变形同样也被发明出来并得到了应用——虽然后来它们又被人们遗忘了。例如，古埃及人曾使用"谢特"（seked）[1]来估计金字塔的斜率；古希腊人使用绳索来测量等腰三角形中的边长比例。

---

[1] 译注：参见第 40 页注释 [2]。

然而，三角形的边长比例将带来一个新的问题。对于每一个三角形来说，边长比例的数值都是不同的。因此，边长比例分别为 0.642、0.766 和 1.192 的三角形，只可能是三个内角分别为 40°、50° 和 90° 的三角形。换言之，如果我们考察三个内角分别为 20°、70° 和 90° 的直角三角形，那么 70° 角的余弦值、正弦值和正切值将分别 0.342、0.940 和 2.747！总之，研究三角学的数学家们所面临的任务，比他们想象中的要繁重得多。因为这并不仅仅意味着要找出一个数字，甚至不是要找出三个数字，这意味着要制作出一个完整的列表，计算出关于所有可能的三角形内角的数据！

　　下面就是一张直角三角形数据表，列举了一个内角从 10° 到 80° 的部分数值。你会注意到，表格中的三角形都只有一个内角度数被标出来了。事实上，的确没有必要把所有的内角度数都标出来，因为我们可以很容易地算出来：一方面，直角的度数始终是 90°；另一方面，定理指出，三角形三个内角之和为 180°，因此我们可以推导出第三个角的度数。事实上，我们甚至都没有必要绘制出一个三角形，只需要这个给定的内角度数就足以重建三角形。这就是为什么三角函数列表的第一列中往往只给出角度的度数。因此，我们会说，10° 角的余弦等于 0.9848，或者 50° 角的正切等于 1.1918。

三角形	余弦值	正弦值	正切值
10°	0.9848	0.1736	0.1763
20°	0.9397	0.3420	0.3640
30°	0.8660	0.5	0.5774
40°	0.7660	0.6428	0.8391
50°	0.6428	0.7660	1.1918
60°	0.5	0.8660	1.7321
70°	0.3420	0.9397	2.7475

万物皆数

三角形	余弦值	正弦值	正切值
80°	0.1736	0.9848	5.6713

当然了，一个"完整"的三角函数列表是永远不可能被完成的。我们总是能够对它加以改进，或者找到其中某个比例的更精确的近似值，或者是细化表格中三角形的种类。在上面的表格中，两个临近的角度之间相差10°，但是如果精度能够做到1°或者1/10°，应该会更好。总之，计算出更精细的三角函数表是一个永无止境的任务，因此一代又一代的数学家前仆后继，投身于此。直到20世纪中期，电子计算器的出现，才最终将他们从这种无尽的繁重负担中解脱出来。

毫无疑问，希腊人是人类历史上第一个建立三角函数表的民族。现今流传下来的最古老的三角函数表载于托勒密的《天文学大成》，曾经被公元前2世纪的一位数学家喜帕恰斯借用。公元5世纪末期，印度学者阿耶波多也发表了三角函数表；中世纪时期，生活于公元11世纪的波斯人欧玛尔·海亚姆和14世纪的阿尔·卡西也都建立了著名的三角函数表。

对于三角学来说，阿拉伯世界的学者们将起到关键的作用，不仅仅是因为他们撰写出了更精确的三角函数表，还因为他们对于三角函数的应用。阿拉伯学者不但最有效率地使用了三角函数表，还将三角函数的艺术发展到了顶峰。

1427 年，阿尔·卡西发表了他的著作 *Miftāḥ al-ḥisāb*，即《算术之钥》。在这本书中，卡西描述了一个从毕达哥拉斯定理推导出来的结论。通过巧妙地运用余弦，卡西最终创造出一条对所有三角形——而不仅仅是直角三角形——都绝对适用的定理。卡西定理的原理基于修正的毕达哥拉斯定理：如果一个三角形不是直角三角形，那么两条较短边边长的平方和就不等于第三条边的平方。然而，只需要添加一个修正项，这个等式就又会成立了，而这个修正项是通过计算两条较短边边长之间的夹角的余弦得出的。

在卡西发表研究结果之前，他在数学界就已经不是一个籍籍无名的小辈了。1424 年，他就因为计算出了 π 值小数点后 16 位数值而在数学界大放异彩。在当时，这可算得上是世界纪录了！但是，纪录存在的意义就是为了被打破[1]，而定理却恰恰相反，它们会永久留存。直到今天，卡西定理依然是经常使用的三角学结论之一。

巴黎左岸。正值六月盛夏，而此刻的我则变身为一个有些特别的导游。这一天，我带领着一个大约 20 人的旅游团在

---

[1] 170 年之后，荷兰数学家鲁道夫·范·科伊伦算出了 π 值小数点后的 35 位数值。

拉丁区的街道上漫步，追寻数学和数学史的脚步。我们的下一站，是伟大的探险者们的花园。面向北方，可以看见卢森堡公园对称的林荫小径，一行行，一列列，齐齐通往卢森堡宫的方向。面向南方，可以看见巴黎天文台的穹顶，它那浑圆的身躯傲然挺立，俯瞰着脚下的首都。

沿着卢森堡公园的中轴线，我们像走钢索一样，精确地走在了巴黎子午线之上。只要不小心向左边偏一步，我们就踏入了世界的东半球，再朝右边走两步，我们就踏入了世界的西半球。500米开外的地方，巴黎子午线穿过巴黎天文台的正中心，笔直地进入巴黎第14区，然后从蒙苏里公园穿出，就此离开巴黎。接下来，巴黎子午线一路向南，穿越法国广袤的乡村风光，并将西班牙一分为二，然后贯穿整个非洲大陆和南极大洋，最终一头扎入南极点。而在我们身后，巴黎子午线一路向北，沿着蒙马特高地的街道一路攀登，与不列颠群岛和挪威擦肩而过，最终抵达北极点。

想要精确地画出地球经线的路径并不是一件容易的事，因为这需要在大面积的范围内做精密的调查。例如，我们如何能够在不穿越一座大山的情况下，精确地测量出这座山两侧的两个点之间的距离？为了回答这个问题，18世纪初期的学者们用一系列的、从法国南部到北部的虚拟三角形来覆盖巴黎子午线。

三角测量的关键点被选在了海拔较高的地方，比如丘陵、山地或者钟楼，从这些地方出发，人们能够瞄准其他的定点，并测量它们之间的角度。一旦完成这些角度的采集，剩下的只不过是大量地使用阿拉伯人发明的三角学方法，来确定三角形中每一个点的精确位置，而将这些点连接起来，就能测定巴黎子午线。

卡西尼家族是第一批献身于测量巴黎子午线事业的研究者之一。这个家族是一个货真价实的科学世家，以至于人们用命名国王的方式来指代该家族中的成员！乔瓦尼·多梅尼科，也就是卡西尼一世，是第一代来到法国的意大利移民，1671 年巴黎天文台建成后，他出任第一任总监。他的儿子雅克，或称为卡西尼二世，在 1712 年卡西尼一世去世后接替了他的位置。卡西尼一世和二世最先开始使用三角测量法绘制覆盖巴黎子午线的三角形，这项工作在 1718 年完成。在他们之后，卡西尼三世（卡西尼二世的儿子，名叫塞萨尔·弗朗索瓦）也使用了三角测量法，在父亲和祖父测量出的三角形序列的基础上，第一个绘制出了法国整个领土范围内的巴黎子午线。1744 年，卡西尼三世发表了他的成果——第一张建立在严谨的科学考察基础上的全法地图。卡西尼三世的儿子让·多米尼克，也就是卡西尼四世，继承了父亲的事业并将其做了细化，他用三角测量法绘制出了法国每一个地区的地图。

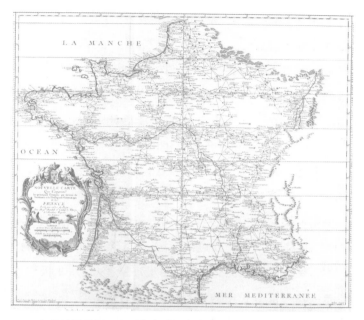

1744 年的法国地图，上面有卡西尼家族绘制的一系列关键的三角形，还有巴黎子午线的位置

　　沿着巴黎子午线一路向前，我们仿佛正在追随着那些建立了三角学基础理论的古代阿拉伯学者的脚步。在地图上，每一个三角形的绘制都需要用到余弦、正弦或者正切。每一个三角形都承载着来自阿尔·卡西和巴格达第一代三角学学家们的智慧遗产。所有这些数据，都需要科学观测者们在三角函数表的帮助下，花费无数的时间手动计算。

　　卡西尼家族之后，三角测量法依然被继续使用，直到 20

世纪人造卫星横空出世。最精确的网络，计数点高达 8 万个。那些标记着计数点的标志至今仍然可见，它们遍布整个法国领土。在巴黎，你仍然可以找到两个确定巴黎子午线的瞄准点：其中一点在南边的蒙苏里公园中，另外一点在北边的蒙马特高地之上。1994 年，以天文学家弗朗索瓦·阿拉果之名打造的 35 枚纪念章被安置在巴黎市内的巴黎子午线的 35 个点上，其中之一就位于卢浮宫内。下次当你在巴黎的街道上漫步的时候，请睁大你的眼睛，说不定能发现一些纪念章呢！

公制（米制）的出现是在法国大革命期间，出于对普及性的考虑，而对于"1 米"长度的界定，正好与巴黎子午线有关。1 米恰好等于巴黎子午线长度的四千万分之一（从北极到巴黎再到赤道这一部分长度的千万分之一）。1796 年，16 个用大理石雕刻的标准米尺被安置在巴黎市的各个角落，任何人都能够前去参考。今天，16 个大理石米尺还剩下 2 个，其中一个位于卢森堡公园对面的沃日拉尔路上，另外一个位于法国司法部门前的旺多姆广场。

一直到 1884 年，在美国华盛顿召开的国际本初子午线大会之前，巴黎子午线始终都是重要的参照。然而在那次大会上，巴黎子午线被穿过英国伦敦皇家天文台的格林尼治子午线取代。因为子午线的变换，英国人承诺会调整长度公制，而我们还一直在等待这一刻的到来。

随着电子计算机和人造卫星的到来，三角函数表和实地三角测量法失去了原有的作用。但是，三角学却并没有没落，而是进入了那些处理器的核心部位。三角形们藏了起来，但是它们始终都在那里，没有消失。

看，天文观测台大道上车水马龙，川流不息。现在的汽车通常都装配了全球定位系统，无论何时，汽车的轨迹都由它们所在的位置决定，而它们的位置则由位于太空中的 4 颗卫星进行追踪。定位的过程依然需要使用三角学。那些驾驶车辆的司机是否知道，他们的 GPS 导航仪发出的"向左转、向右转"的指令，实际上是使用正弦或者余弦计算得出的即时结论呢？

另外，当你观看警匪片或侦探剧的时候，有没有听过电视里某位调查员说，犯罪嫌疑人的电话已经通过三角定位锁定？这种定位之所以能确定一台正在使用的手机的位置，是因为它能测定这部手机距离附近最近的 3 个信号发射点的距离。这个几何问题的解决不得不依赖于一些三角学公式，而我们的电子计算机能够以迅雷不及掩耳之势计算出所需要的结果。

三角学不仅在现实测量中被使用，还在创建虚拟世界的过程中大放异彩。三维动画电影和视频游戏中，就大量使用了三角学原理。下页图片所示的是由一些几何图形组成的纹理，这些由几何网眼形成的 3D 结构让人想起卡西尼家族地图上那些奇奇怪怪的三角形。正是这些网状结构，通过变形，使得物体和人物"动"了起来。任何合成图形的计算，比如下面这个犹他茶壶[1]——这是 1975 年第一批通过计算机建模实现绘制的物体之一，都需要大量的三角学公式的应用。

---

[1] 译注：或称纽维尔茶壶，是在计算机图形学界广泛采用的标准参照物 (有时也是个内行幽默)。其造型来自于生活中常见的造型简单的茶壶，被制成数学模型，外表为实心、柱状和部分曲面。

第九章

面对未知

让我们回到巴格达。在时常出入智慧之家的所有学者中，有一个人将从他的时代中脱颖而出，那就是穆罕默德·伊本·花拉子米。

花拉子米是一位波斯数学家，出生在公元 8 世纪 80 年代。花拉子米的家族起源于花剌子模王朝，这个王朝幅员辽阔，曾经雄踞于伊朗、乌兹别克斯坦和土库曼斯坦三地。我们现在并不清楚花拉子米是出生在花剌子模，还是他的父母在他出生之前就已经移民到了巴格达，总之，在公元 9 世纪初期，这位年轻的学者就已经出现在圆形的巴格达城里了。他是第一批进驻智慧之家的学者之一，随后还将成为同行之中的佼佼者。

在巴格达，花拉子米在人们心中的印象应该是个天文学家。他写了几篇理论论文，重新介绍古希腊和古印度的天文学知识，以及一些关于如何使用日晷、制作星盘一类的实用性书籍。此外，他也充分利用自己的知识创建地理图表，集中了世界上最著名的那些地方的经度和纬度。他的参考子午线受到托勒密的启发，尽管依然是一条近似的经线，但是这样定义的：穿越幸运群岛。该群岛的位置或多或少带有一些神话色彩，它们被认为位于西天世界的尽头，今天看来，所谓的"幸运群岛"可能指的是西班牙的加那利群岛。

在数学方面，花拉子米撰写了著名的《印度数字算术》，将来自印度的十进制推广到了全世界。单凭这本至关重要的著作，花拉子米就拥有了进入数学史先贤祠的足够资格，然而，他撰写的另外一本具有革命性内容的书籍，却确保了花拉子米跻身人类历史上最伟大的数学家的行列，可以与阿基米德和婆罗摩笈多比肩。

这本书是马蒙下令花拉子米撰写的。这位哈里发希望能够给他的人民提供一本数学指南，每个人都能够通过学习这本书中的内容来解决日常生活中可能出现的问题。于是，花拉子米接受了这份委托，并且开始编纂常见问题的列表，以及它们的解决方法。其中包括土地测量的问题、商业交易的问题，还有不同的家庭成员之间遗产的分配问题。

所有的这些问题，虽然非常有趣，但是却没有什么创新的内容，而如果花拉子米仅仅满足于完成来自哈里发的"订单"，那么他的这本书很有可能根本不会流传下来被我们看到。幸好，这位波斯学者并没有止步于此，他决定在这本书的导言中，介绍他的一个纯理论研究的第一部分。于是，他使用了结构性和抽象的写法，介绍了在那些具体问题的实践过程中，可能存在的多种不同的解决方法。

这本书完成之后，花拉子米给它命名为 *Kitāb al-mukhtaṣar fī ḥisāb al-jabr wa-l-muqtābala*，即《还原与对消计算概要》。很久很久以后，这本书被翻译成拉丁文，标题的最后几个阿拉伯单词被做了语音学上的近似处理，于是这本书的拉丁语名字变成了 *Liber Algebræ* 或者 *Almucabola*。渐渐地，Almucabola 这个术语不再被使用，让位给了由花拉子米首创的、唯一一个能代表这个学科的单词:al-jabr, algebræ, algèbre，即代数学。

除了这本书的数学内容之外，花拉子米为他开创的新方法所设计的"表达方式"也是革命性的。他以一种独立于问题本身的抽象方法，详细地介绍了解决问题的过程。为了更好地理解这种方法，让我们先来看看以下三个问题:

1. 一块矩形田地，宽 5 个单位，面积为 30。这块地的长度是多少？

2. 一位 30 岁的男性，年龄是他儿子的 5 倍。他儿子今年几岁？

3. 一位商人买了 5 卷相同的布，总质量是 30 千克。每一卷布的质量是多少？

以上 3 个问题，答案都是 6。而且在解决这 3 个问题的过程中，我们能够感觉到，虽然它们是 3 个截然不同的话题，可是背后隐藏的数学过程是一样的。在这 3 种情况下，答案只需要做一个除法就能得出：30÷5=6。花拉子米做的第一步，就是将这些问题的"现实外衣"剥去，从中提炼出纯粹的数学问题：

我们寻找一个数字，这个数字乘以 5 等于 30。

在这种表达方式中，我们并不知道数字 5 和 30 分别代表什么。它们可能代表的是几何尺寸、年龄、布料或者任何什么东西，这不重要！因为无论它们代表什么，都不影响我们寻找答案的过程。所以，代数学的目标，是提出方法来解决这种纯数学的"谜题"。几个世纪之后，在欧洲，这些"谜题"终于有了正式的名字，叫作"方程式"。

花拉子米在研究方程式的过程中甚至走得更远。他认为，这种方法甚至不依赖于问题的数字数据。请看下面的三个方程式：

1. 寻找一个数字，该数字乘以 5 等于 30；

2. 寻找一个数字，该数字乘以 2 等于 16；

3. 寻找一个数字，该数字乘以 3 等于 60。

上述 3 个不同的表达式，很可能分别代表着无数种不同的具体情况。但是，再一次地，我们能感觉到它们的解决方式将遵循同样的思路。在这 3 种情况中，我们发现答案都是后一个数字除以前一个数字的得数。对于第一题来说，30÷5=6；对于第二题来说，16÷2=8；对于第三题来说，60÷3=20。因此，解决问题的方法非但不依赖于具体的问题，而且问题当中涉及的具体数字也无关紧要。

由此，我们可以将这些方程式用更抽象的方式表达出来：

寻找一个数字，这个数字乘以某个数字甲，等于某个数字乙。

所有同类的问题都能够通过同样的方式解决：只需要用数字乙除以数字甲即可。

当然了，这个例子是非常简单的，毕竟它只涉及一个乘法，而解决它的方式只需要一个除法。但是我们可以设想其他类型的方程式，在这些方程式中，未知数会遇到不同的运算过程。在花拉子米的方程式中，未知数主要被用来进行四则运算（加、减、乘、除）及平方运算。例如：

寻找一个数字，该数字的平方等于它的 3 倍加上数字 10。

这个问题的答案是 5（不考虑负数）。5 的平方等于 25，25=3×5+10。在这道题目中，我们的运气很不错，因为答案是一个整数，而且如果我们多猜几次，应该也能猜出答案来。但是，如果问题的答案是一个非常大的数字，或者小数点后还有好几位，就需要有一种精确的、系统的方法来寻找到问题的答案。花拉子米在他著作的导言中，恰好就构思了这种方法。他一步步地解释计算的过程，首先，这一过程需要从问题给定的数据出发，无论具体的数据是多少；其次，花拉子米还通过论证证明了他的方法是有效的。

所以，花拉子米的方法完美地满足了数学发展的整体动态，即趋向于抽象性和普遍性。很长一段时间以来，数学研究的对象已经从它们所代表的现实事物中脱离出来并独立存在了。因为花拉子米的研究，我们有了充分的依据，将具体的对象从那些被认为可以解决的问题中抽离出来。

方程式的分类

并不是所有的方程式都那么容易解开，有一些方程式甚至让当今的数学家都感到步履维艰。一个方程式的难度，主要取决于构成它的运算方式。

因此，如果一个方程式中的未知数只需要经过简单的四则运算，我们就称其为一次方程（线性方程）。以下就是几个例子：

> 某个数字加上 3 等于 10，这个数字等于几？
> 某个数字除以 2 等于 15，这个数字等于几？
> 某个数字乘以 2 再减去 10 等于 0，这个数字等于几？

在所有的方程式中，一次方程的解法是最简单的。只要稍微思考一下，我们就能找到上面 3 个问题的答案：第一题的解为 7，因为 7+3=10；第二题的解为 30，因为 30÷2=15；最后一题的答案是 5，因为 5×2-10=0。

如果在四则运算的基础上再加上平方运算，也就是说，在方程式中，未知数需要乘以自身，这种方程被称为二次方程。二次方程解法的难度大大增加了，而花拉子米在他的书中，恰好解开了这些二次方程。以下就是从这位波斯学者的书中摘取的例子：

> 某数的平方加上 21 等于这个数乘以 10。
> 某数的平方加上这个数的 10 倍等于 39。

二次方程的特点之一，是它们可以有两种不同的解。上面两个问题正是这种情况：对于第一题来说，答案可能是 3 或者 7，因为 3×3+21=3×10，或 7×7+21=7×10。对于第二题来说，也有两个答案，分别是 3 和 −13。

在公元 9 世纪的时候，几何学始终是数学领域的重要参照学科，因此，花拉子米的论证也按照惯例采用几何方式来表达。根据古代学者们提出的阐释，一个数字的平方或者两个数字的乘积可以用面积的方式来表示。因此，一个二次方程可以被看作一个平面几何问题。下图就是用几何方法来表示上面的两个二次方程。正方形的边长被标注了问号，代表方程中的未知数。

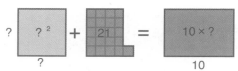

某数的平方加上 21 等于这个数乘以 10

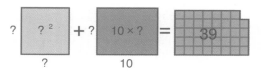

某数的平方加上这个数的 10 倍等于 39

花拉子米通过改善过的拼图法解出了这些方程。他将平面图形剪切，根据需要增加或者移去一些碎片——为了获得能够显示最终结果的图形。

比如，我们在上面提到的第二个二次方程，花拉子米首先将代表"未知数乘以10"的矩形切割成了2个代表"未知数乘以5"的矩形。

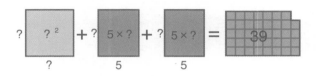

接下来，他按照如下的方式重新放置几何图形。

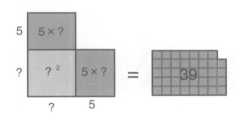

最后，他在图中添加了一个面积为25的正方形，正好构成了一个新的正方形，使得等式两边的面积相等。

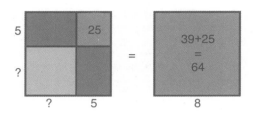

于是，左边正方形的边长等于未知数加 5，而右边重新组合的正方形边长等于 8。由此我们能够推断出，未知数的数值等于 3。

需要注意的是，上面的几何图形比例严重失调。因为我们不可能在解出未知数之前就知道它等于 3，因此图中显示的"长度"是不正确的。但是这并没有什么要紧，因为具体的数值在这里并不重要，重要的是，对于所有这种类型的方程式来说，都能够用同样的切割方法解出未知数的数值。有一则谚语曾说：几何学只是关于虚假数字的推理艺术。花拉子米就给我们提供了一个很好的例证！

但是，需要注意的是，通过这种方法求得的未知数是一个长度，也就是一个正数，而那些负数解就会被我们漏掉。虽然我们这个方程还有另外一个解 −13，但是花拉子米完全忽略了它。

二次方程之后，是三次方程。或许可以用立方体来表示三次方程中的未知数，但对于花拉子米来说，三次方程还是太复杂了，实际上，一直到文艺复兴时期，人们才解出了三次方程。如果将三次方程转换为几何学语言，那么我们需要考虑的就是三维空间中的体积问题。

然后是四次方程。从数字上看，这些等式的存在并没有什么不寻常。然而，它们的几何表达却"背弃"了我们，因为我们必须要想象四维空间里的图像，这在我们有限的三维世界中是不可能做到的。

代数学的这种能够生成令几何学"毫无招架之力"的难题的能力，在很大程度上推动了文艺复兴时期出现的数学"大颠覆"，因此在文艺复兴时期，代数学很快就被加冕了"数学女王"的桂冠。

公元 9 世纪末期，埃及数学家阿布·卡米勒是花拉子米的主要接班人之一。他概括整理了花拉子米的研究方法，并且对于方程组产生了强烈的兴趣。这些方程组旨在通过若干个含有多个未知数的方程，同时求解出每一个未知数的数值。下面就是一个经典的例子。

> 已知一群骆驼由单峰驼和双峰驼组成。其中共有 100 颗头，130 个驼峰。求该骆驼群中有多少头单峰驼，多少头双峰驼？

我们这里要求的是两个未知数，即单峰驼的数量和双峰驼的数量，而我们现有的可用信息却混在了一起。从骆驼头的数量和驼峰的数量出发，我们能得到两个方程式，但是没有办法独立地解开其中任何一个方程式：我们需要将这两个方程式看成一个整体来考虑。

有几种方法能够解答这个问题。下面是其中一种：因为一共有 100 颗头，也就是说，一共有 100 只骆驼。如果所有的骆驼都是单峰驼，那么相当于有 100 个驼峰，也就是还缺少 30 个驼峰。因此，这群骆驼中一共有 30 头双峰驼和 70 头单峰驼。以上只是这个问题的其中一种解法，而其他更复杂的方程组还可能有更多种解法。因此，阿布·卡米勒在他的一部著作中表示，他曾经解出了一些方程组，而他总共发现了 2676 种解法！

公元 10 世纪，数学家卡拉吉第一个在书中写道，我们可以想象一个任意次数的方程，虽然在这种情况下，通过几何图形来解开方程的希望相对不大。公元 11 世纪到 12 世纪，数学家欧玛尔·海亚姆和萨拉夫·丁·图西开始向三次方程发起"冲锋"。他们设法解开了某些特殊的方程，并且在研究中取得了显著的进步，然而，他们并没有研究出一种系统的解开三次方程的办法。还有其他一些试图解开三次方程的尝试，但都失败了，因此有一些数学家也开始思考是不是有这样一种可能，即有一些方程是不可解的。

然而，最终回答这个问题的，并不是阿拉伯的学者们。公元 13 世纪，伊斯兰教的黄金时代已经经历了它最辉煌的顶峰，开始缓慢地走向衰落。这种衰落的原因有很多：阿拉伯帝国一刻不停地进行贪婪的扩张，帝国经常发动袭击，无论是经济上的还是军事上的。

公元 1219 年，成吉思汗率领的蒙古铁骑冲进了花拉子米的故乡花剌子模。1258 年，蒙古人在成吉思汗之孙旭烈兀的带领下，兵临巴格达的城门之下。哈里发穆斯台绥木投降，巴格达遭到抢劫和焚烧，居民被大量屠杀。在同一时期，在西班牙南部由基督教教徒倡导的收复失地运动正进行得如火如荼；1236 年，该地区的首府科尔多瓦"陷落"；1492 年，西班牙完全收回了格拉纳达省，包括著名的阿兰布拉宫。

为了在帝国的重重溃败下不使研究中断，阿拉伯世界的科学组织开始分散到世界各地。一直到 16 世纪，阿拉伯世界还在创造着领先世界的科学研究，但是很快，历史之风转了向，欧洲已经做好了准备，即将接过数学的圣火。

第十章

数列

必须承认，中世纪时期，数学并没有在欧洲蓬勃发展。然而，也有个别的例外。中世纪时期欧洲最伟大的数学家，毫无疑问应该是意大利的斐波那契，他于 1175 年出生在比萨，1250 年于同一个城市去世。

如何在欧洲的这一时期成为一个举足轻重的数学家？答案是，别在欧洲待着。斐波那契的父亲是比萨共和国驻贝贾亚（位于现今的阿尔及利亚）的商人代表。斐波那契正是在贝贾亚接受的教育，并且了解了阿拉伯数学家们所取得的成就，尤其是花拉子米和阿布·卡米勒的成就。回到比萨后，斐波那契于 1202 年发表了 *Liber Abaci*，即《计算之书》。在这本书中，他介绍了这一时期所有的数学知识，从阿拉伯数字到丢番图的算术成就，以及数列的计算，再到欧几里得的几何学。而让斐波那契在接下来的几个世纪中声名远扬的，则是其中一组特殊的数列。

所谓数列，就是一系列可以无限延长的数字序列。我们都知道一些数列，比如奇数列（1，3，5，7，9……），或者平方数数列（1，4，9，16，25……），这些都属于最简单的数列。在《计算之书》中，斐波那契提出这样一个问题，他试图建立养兔场的兔子演化的数学模型，于是，他考虑了如下的简化假设：

1. 一对兔子夫妇在前两个月内不能生育，因为没有达到性成熟的生育期；
2. 从 3 个月大开始，这对兔子夫妇每个月生一对小兔子。

根据这样的假设，我们能够预测出一对年轻的兔子夫妇的家族树。

于是我们能够推导出随着时间的推移，兔群里兔子的对数形成的序列。通过观察图中每一个竖列，家族树显示了前 6 个月的对数值：1，1，2，3，5，8……

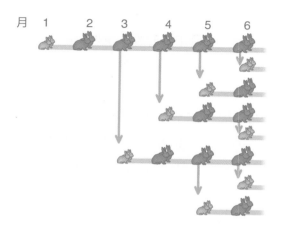

月 1　　2　　3　　4　　5　　6

图中每一行都代表了随着时间的推移，一对兔子的后代繁衍（箭头表示出生）

　　斐波那契注意到，从第 3 个月起，每个月的兔子对数，都等于前两个月的兔子对数之和：1+1=2；1+2=3；2+3=5，3+5=8……以此类推。 这种规则可以这样解释。每一个月的兔子对数，等于新出生的兔子对数加上已经有的兔子对数；已经有的兔子对数即上一个月所有的兔子对数，新生的兔子对数等于这个月处于生育期的兔子的对数，即两个月前所有的兔子对数。[1] 于是, 现在我们能够通过计算把这个数列继续下去，而不需要再列出详细的兔子家谱了。

　　1, 1, 2, 3, 5, 8, 13, 21, 34, 55, 89, 144……

---

[1] 编注: 例如，第 6 个月新生兔子对数（3 对）等于第 4 个月兔子总对数。

对于斐波那契来说，这个问题主要是一个"休闲益智"的游戏。然而，在接下来的若干个世纪中，人们在很多具体的理论和实践应用中都发现了这种类似兔子"人口学"的问题。

植物学中的斐波那契数列，毫无疑问应该是令人印象深刻的问题之一。"叶序学"是一门研究组成植物的树叶或者其他的不同元素是如何围绕着植物的轴心旋转生长的学科。如果你观察一个松果，就会发现，它的表面是由螺旋状缠绕的鳞片构成的。更具体地说，我们可以分别数出两种螺旋，一种是顺时针方向的螺旋，另一种是逆时针方向的螺旋。

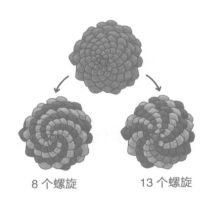

8 个螺旋　　　　　13 个螺旋

这件事说出来一定会让你大吃一惊，因为顺时针螺旋数和逆时针螺旋数始终是斐波那契数列中挨着的两个数字！如果你有机会去森林里漫步，可以观察一下地上的松果，你可以找到 5-8 型, 8-13 型或者 13-21 型，但是你绝不会找到 6-9

型或者 8-11 型之类的松果。在很多的其他植物身上，也藏有斐波那契数列若隐若现的身影。如果说斐波那契数列在菠萝上或者向日葵花籽上更显而易见，那么它们在花椰菜表面隆起上的存在则并不那么容易被注意到。然而，它们就在那里！

黄金分割率

斐波那契数列在很多方面都能引起人们的好奇心，比如它与一个自从古典时期就被人们所熟知的数字有着很深刻的关系，这个数字就是黄金分割率。黄金分割率的数值近似于 1.618，古希腊人认为这是一个完美的比例。如同圆周率 π 一样，黄金分割率在十进制的表述中也有着无穷小数，所以人们给它起了一个名字 φ，读作"fai"。

黄金分割率存在于许多种几何变化中。一个"黄金矩形"，意思就是一个长度为宽度 φ 倍的矩形。黄金分割率的特征能够确保，如果我们将一个"黄金矩形"切割成一个边长为原宽的正方形和一个小矩形，这个小矩形依然是一个"黄金矩形"。

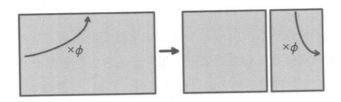

古希腊人在他们的建筑中经常使用黄金分割率。雅典的帕特农神庙的正面，其长宽比例就非常接近黄金分割率，虽然我们很难得到可靠的资料，证明这种比例是建筑师故意而为之，但是这非常有可能并不是一个巧合。黄金分割率第一次通过文字被明确地界定，是在欧几里得《几何原本》的第六卷中。

我们发现，黄金分割率同样也出现在正五边形中：它们的对角线和边长恰好构成了黄金分割率。换句话说，正五边形的对角线长，等于其边长乘以φ。

因此，黄金分割率可以在所有呈现为正五边形的几何结构中找到，例如我们前文提到的"拉吉奥德"电影院和足球。当我们试图通过代数方法来计算黄金分割率的精确值时，能够得到如下的二次方程。

黄金分割率的平方等于黄金分割率加1

于是，通过花拉子米的方法，我们能够得出黄金分割率精确的表达式。我们发现，$\varphi = (1+\sqrt{5})\div2 \approx 1.618\ 034\ 1$[1]。你可以将这个数值带入方程中演算，然后你会发现：$1.618\ 034\times1.618\ 034 \approx 2.618\ 034$。

但是，在这种情况下，黄金分割率和斐波那契数列又有什么关系呢？

如果我们一直观察斐波那契兔子群中的兔子对数，观察足够长的时间，我们会发现，每个月，兔子群的数量都接近于上个月的 φ 倍！比如，让我们先来看看第 6 个月和第 7 个月的情况。兔群的数量从 8 对变成了 13 对，因此兔群数量的增长率为 $13\div8 = 1.625$ 倍。当然了，这个数字距离黄金分割率并不远，但也并不是黄金分割率本身。现在让我们来看一看第 11 个月和第 12 个月的情况，兔子数量增长率为

---

[1] 在这个等式中，$\sqrt{5}$ 表示为数字 5 的平方根，也就是平方数等于 5 的正数。这个数字的近似值为 2.236。

144÷89 = 1.617 97 倍……已经开始接近黄金分割率了，而且我们还可以继续下去。随着时间的推移，兔群数量的增长比例将会越来越接近黄金分割率！

一旦事实成立，接下来就是寻找原因的过程了。为什么会这样呢？为什么黄金分割率这个看上去无关痛痒的数字会同时在不同的 3 个数学领域——几何、代数和数列——中出现呢？有人或许会认为，原本这就是 3 个不同的数字，虽然它们看上去很接近。但其实并不是这样的：如果我们精确地测量正五边形的对角线长度，如果我们详细地计算"$(1+\sqrt{5})÷2$"的数值，如果我们沿着斐波那契数列走得足够远，就必须得承认，在这 3 种情况下，我们将要面对的是同一个数字。

为了回答这一问题，数学家们不得不做一些横跨两个数学分支的"混合性"论证。通过古典时代对数字的形象化表述，"黄金分割率"的现象早已经在几何学和代数学中存在了，并且将会渗透进其他数学分支之中。由是，那些之前看上去彼此很遥远的学科分支，将会开始进行对话。像 φ 这类数字，将展现出超越自身的魅力，从此将成为学科分支之间非常出色的"调解员"。在斐波那契的时代，数字 π 还仅仅存在于几何学的领地之中。然而，在几个世纪之后，π 却在所有这些"跳板数字"的类别中独占鳌头。

对于数列的研究，同样也让人们对芝诺悖论有了新的认识，尤其是阿喀琉斯和乌龟赛跑的问题。你应该还记得这位古希腊学者想象出来的一场比赛：乌龟领先阿喀琉斯 100 米起跑，但阿喀琉斯的速度是乌龟的两倍。在这种情况下，芝诺的"阿喀琉斯追乌龟"悖论似乎表明，尽管乌龟的速度更慢，但是它永远不可能被阿喀琉斯超越。

这个结论的得出，来自于对比赛过程的无限切割（将赛程切割为无限个阶段）。当阿喀琉斯跑到乌龟的起跑点时，乌龟已经前进了 50 米；当阿喀琉斯再跑过 50 米的距离时，乌龟又前进了 25 米。在每一个阶段，阿喀琉斯和乌龟之间的距离形成了一个数列，每一个数值都是前一个数值的二分之一。

100 50 25 12.5 6.25 3.125 1.5625……

这个数列的长度是无限的，这也就是为什么人们可以错误地推断说：阿喀琉斯永远也追不上乌龟。然而，如果我们将这个无穷的数列所有的数值都加在一起，就会发现结果并不是一个无限的数字。

$$100 + 50 + 25 + 12.5 + 6.25 + 3.125 + 1.5625 + \cdots\cdots = 200$$

这就是数列有趣的地方之一：无穷多个数字相加，结果可能是有穷的！上面这个结果告诉我们，阿喀琉斯在起跑 200 米之后，就会追上乌龟。[1]

无穷数列的加法，在计算那些来自几何学的数字，例如 π 或者三角函数的时候，也会起到重要的作用。如果这些数字不能够通过经典的基本运算来表示，那么它们可能可以通过数列相加之和而得到。最早研究这种可能性的数学家之一，是来自印度的桑加马格拉马的马德哈瓦，他在公元 1500 年左右发现了 π 的表达式：

$$\pi = \left(\frac{4}{1}\right) + \left(-\frac{4}{3}\right) + \left(\frac{4}{5}\right) + \left(-\frac{4}{7}\right) + \left(\frac{4}{9}\right) + \left(-\frac{4}{11}\right) + \left(\frac{4}{13}\right) + \cdots\cdots$$

马德哈瓦数列的形式是正负数交替，而且是通过用 4 除以连续奇数列的形式得到的。然而，我们不应该认为这个数列之和一劳永逸地解决了 π 的问题。虽然加法的等式被提出了，但我们还是需要寻找答案。然而，如果说有一些数列的和——比如阿喀琉斯和乌龟的距离差数列——能够很容易地计算出

---

[1] 计算此类无限数量的数字总和是通过使用"极限"的概念来实现的。在这种方法中，先将无限的数列一切为二，只保留有限的一列数字，然后再逐一加上越来越多的数字，尝试弄清楚这些"部分的总和"靠近哪一个极限数字。在阿喀琉斯和乌龟赛跑的题目中，如果我们将这个数列的前 7 个数字相加，将得到:100 + 50 + 25 + 12.5 + 6.25 + 3.125 + 1.5625 = 198.4375。如果继续相加，会发现这个数列前 20 个数字之和约等于 199.9998。这表明，当我们继续加下去，这个数值会越来越接近 200。因此，这个无穷数列的总和就等于 200。

来，那么另外还有一些数列则看上去格外棘手，比如马德哈瓦数列。

总之，这个无限数列的总和并没有真正地给出十进制之下 π 的小数点后的精确数值，但是，它提供了一扇通往更接近 π 的近似值的大门。虽然我们不可能一次性地加完无限数列中的全部数字，但是我们总能够将数列中有限的数字相加。因此，如果我们将马德哈瓦数列中的前 5 个数字相加，将会得到 3.34。

$$\left(\frac{4}{1}\right) + \left(-\frac{4}{3}\right) + \left(\frac{4}{5}\right) + \left(-\frac{4}{7}\right) + \left(\frac{4}{9}\right) \approx 3.34$$

这并不算是一个特别近似的数值，不过没关系，我们还可以继续。如果我们将马德哈瓦数列的前 100 个数字相加，会得到 3.13 这个数字，而如果将前 100 万个数字相加，则会得到 3.141 592。

当然，为了得到一个小数点后 6 位的近似数值，就做一个长达 100 万个数字的加法，实在是不怎么合算。因为马德哈瓦数列的缺陷就在于，它收敛得非常慢。后来，其他的一些数学家，比如 18 世纪瑞士的欧拉和 20 世纪印度的斯里尼瓦瑟·拉马努金，都发现了不同形式的数列，其总和都近似于 π 的数值，而这些数列比马德哈瓦数列收敛得快多了。这些方法逐渐取代了阿基米德求圆周率的方法，而且能够将 π 值精确到小数点后好多位。

三角函数同样也有它们对应的数列。比如，下面的数列和就表示某一个角度的余弦值。

$$余弦 = 1 - \frac{角度^2}{1 \times 2} + \frac{角度^4}{1 \times 2 \times 3 \times 4} - \frac{角度^6}{1 \times 2 \times 3 \times 4 \times 5 \times 6} + \cdots\cdots$$

为了求得余弦值，只需要把上述等式中的"角度"（angle）替换为具体的数值就可以了。[1] 正弦函数和正切函数也存在类似的等式，同样，对于很多其他不同情况下出现的特殊数字来说，也存在类似的数列和等式。

在今天，数列依然在很多情况下被使用。比如斐波那契数列仍然被人们用来表示种群的动态，以研究随着时间的推移、动物种属的演化过程。当然了，目前我们使用的实际模型更加精确、具体，考虑到了多种可能的参数，比如死亡率、天敌、气候，或者更一般情况下的动物所在的生态系统的变化。从更普遍的意义上说，任何随着时间的推移而一步步演化的过程，其数学建模的过程中都必须用到数列。也就是说，计算机、统计学、经济学，甚至气象学领域，都是数列能够大显身手的舞台。

---

[1] 需要注意的是，为了让这个等式成立，角度不应该用度数来表示，而应该用弧度来表示。弧度与角度的换算是这样的，一个圆周为360°，即2π弧度。这看上去可能很奇怪，但是三角函数和数列只有在使用这个单位的情况下，才能建立起相关关系，并且得到等式。

第十一章

虚数的世界

公元16世纪初期,斐波那契播撒下的种子终于开花结果,意大利涌现出了一批新一代的数学家。这一代数学家将继续由古代阿拉伯学者们开创的代数学研究,也正是他们最终征服了三次方程——却是作为一场数学史上最荒诞、最离奇的闹剧的结局。

故事开始于16世纪初期,第一个登场的人物是一位商人兼博洛尼亚大学的算术学教授,名叫希皮奥内·德尔·费罗。德尔·费罗对代数学很感兴趣,他是第一个发现三次方程解析式的人。可惜在那个时代,古代阿拉伯世界中普遍存在的传播知识的精神在欧洲还是天方夜谭。博洛尼亚大学会定期地给教授们安排不同的职位。为了成为最优秀的教授,并且留在最好的教职位置，德尔·费罗费尽九牛二虎之力，试图让他的竞争者们不要窥探到三次方程解法的秘密。他撰写了自己的新发现，但是没有发表，只是把研究结论向一小撮弟子公开了，这些虔诚的弟子也和他一样，保守着三次方程的秘密。

这位博洛尼亚的数学家去世于1526年，于是，整个意大利数学界依然不知道三次方程其实已经被解开了。当时很多的数学家甚至还是认为三次方程根本不可解。然而，德尔·费罗有一位弟子，名叫安东尼奥·玛利亚·德尔·费奥雷，因为对老师的研究很有信心，所以他压抑不住自己的天性，决定站出来卖弄。他向意大利境内的数学家发出挑战书，挑战的内容当然主要是和解三次方程有关。毫无意外地，他每一次都赢了。于是，"三次方程可解"的传闻渐渐地在学术圈中散播开来。

1535年，一位威尼斯的数学家尼科洛·塔尔塔利亚接到了德尔·费奥雷的"战书"。塔尔塔利亚时年35岁，在学术界籍籍无名，尚未发表过任何重要的科学著作。所以，德尔·弗奥雷当然也不会知道，他挑战的这个人，将会成为他这一代数学家中杰出的人物之一。"打擂"的两位学者，互相给对方一张"难题清单"，上面各有30道难题，输了的人要支付30桌酒宴的钱！在接下来的几周时间内，塔尔塔利亚面对德尔·费奥雷提出的三次方程问题绞尽了脑汁，然而，在最终期限到来之前的几天，他福至心灵，终于发现了三次方程的解析式! 于是，他花了几个小时的时间，把 30 个三次方程都解开了，赢得了胜利。

然而，故事并没有结束，因为塔尔塔利亚拒绝向公众公布他发现的方法。于是事情又回到了原点，一晃过去了 4 年。

这天，这场"三次方程解法大混战"传到了一位米兰数学家、工程师吉罗拉莫·卡尔达诺的耳朵里。他的名字在法语里写作 Jérôme Cardan，汽车爱好者们一定不会陌生：他是万向接头（Joint de Cardan）的发明者之一。在我们的汽车中，万向接头能够保证将发动机的转向传递给轮胎。在此之前，卡尔达诺也是那些认为三次方程不可解的数学家之一。因为塔尔塔利亚赢了德尔·费奥雷的挑战，卡尔达诺感到很好奇，所以他试着联系塔尔塔利亚。1539 年，卡尔达诺给塔尔塔利亚寄了 8 道三次方程的题，希望塔尔塔利亚能告诉他解法。塔尔塔利亚断然拒绝。这位米兰的学者于是非常气愤，随后尝试了恐吓的手段，通过发动全意大利的代数学家来声讨塔尔塔利亚，谴责他的狂妄无理、嚣张跋扈，但是塔尔塔利亚并没有屈服。

最终，卡尔达诺还是通过阴谋诡计"套取"了答案。他告知塔尔塔利亚，米兰的统治者德·阿瓦洛斯侯爵想要见他一面。恰好，塔尔塔利亚在威尼斯的情况也不太妙，因此他希望能够找到一位保护人。于是，塔尔塔利亚同意前往米兰，1539 年 3 月 15 日，他终于抵达了卡尔达诺的宅邸，见到了卡尔达诺，并在那里空等了侯爵三天。在这三天的时间内，卡尔达诺使出浑身解数，让塔尔塔利亚消除了对他的不信任。在双方不知疲倦的无数次谈判之后，塔尔塔利亚最终答应有条件地教给卡尔达诺三次方程的解法，前提是卡尔达诺发誓永远不能发表这种方法。卡尔达诺发了誓，塔尔塔利亚也将三次方程的解析式告诉了卡尔达诺。回到米兰城内之后，卡尔达诺开始仔细分析这些解析式。解析式当然很好用，但是卡尔达诺却缺少了一样东西，那就是证明过程。到当时为止，发现了三次方程解析式的数学家中，没有任何一位能够使用严格的方式来证明他们的解析式是永远正确的。于是在接下来的几年时间内，卡尔达诺专心致志地"攻坚"这个问题。最终，卡尔达诺成功了，而且他的学生之一卢多维科·费拉里甚至归纳出了四次方程的解法！但是，因为当年在米兰发过的誓言，这两位数学家都不能发表他们的成果。

卡尔达诺不肯放弃。1542 年，他和费拉里一同前往博洛尼亚，拜访了汉尼拔·德拉·纳菲——另一位曾经受教于德尔·费罗的学生。三人一同整理了德尔·费罗留下来的手稿，并且发现，德尔·费罗才是第一个解出三次方程的人。于是，卡尔达诺认为，自己在米兰的誓言应该是无效的。他在 1547 年发表了《大术》（*Ars Magna*），三次方程的解法终于大白于天下。另一方面，塔尔塔利亚震怒，他猛烈抨击和羞辱了卡尔达诺，认为他剽窃了自己的研究成果。太晚了。卡尔达诺已经成为世人眼中的焦点，他被认为第一个征服了三次方程，直到今天为止，三次方程的解析式依然以卡尔达诺命名，被称为"卡当公式"。

然而，《大术》中的一些细节，却在当代的代数学家中引了发某种怀疑论的思想。在很多情况下，卡当公式似乎需要计算负数的平方根。比如，在求解某个方程式的时候，我们会看到诸如"–15 的平方根"的情况，也就是说，按照平方数的定义，需要找到平方为 –15 的数，这在婆罗摩笈多发明的十进制数字符号下是绝对不可能实现的。正数的平方是正数，但是负数的平方也是正数！比如，$(-2)^2=(-2)\times(-2)=4$。没有任何一个数乘以自身，结果等于 –15。总之，在这些结果的计算中出现的平方根看上去根本不存在。没错，但是，即使是中间过程出现了这些"不存在"的数字，卡当公式却依然能够得出正确的结果！这可真是奇怪，而且耐人寻味。

另一位来自博洛尼亚的数学家拉斐尔·邦贝利对负数的平方根问题很感兴趣，也正是他提出，负数的平方根很有可能是一种全新类型的数字。这种数字，既不是正数，也不是负数！这是一种具有奇怪性质的、从未出现过的数字，在此之前，人们甚至并不认为它存在。于是，在零和负数之后，数字大家庭再一次迎来扩大规模的时刻。

在生命的最后时刻，邦贝利写出了一生中最重要的著作——《代数学》，这本书发表于 1572 年，同年，邦贝利去世。

在这本书中，邦贝利总结整理了《大术》中的发现，并且介绍了这些新型的数字，他称之为"复杂的数"。邦贝利所做的事情，和婆罗摩笈多当年"创造"出负数时的情况一样。他在书中详细介绍了"复杂的数"的所有计算规则，尤其指出，"复杂的数"的平方是负数。

邦贝利的"复杂的数"面对的，是和当年婆罗摩笈多的负数一样的命运。它们同样也引发了大量的怀疑和质疑；它们同样也终将被人们所接受，它们的"力量"，将在数学世界引爆一场革命。在所有那些最终改变了想法的怀疑者中，我们发现了17世纪初期法国数学家、哲学家笛卡尔的名字。正是他给这些新型数字赋予了一个名字，而我们今天依然在使用这个名字：虚数。

虚数还要再等上漫长的两个世纪，才会最终被数学界所接受。随后，它们就成了现代科学中无法规避的存在。除了在方程之中，虚数还被发现存在于许多物理学应用之中，尤其是在所有的波现象的研究中，比如电子学或者量子物理。如果没有虚数，许多现代的技术创新就不会成为可能。

然而，与负数不同的是，在科学界以外，虚数依然几乎不为人们所知。它们与我们的直觉相悖，令人很难接受，而且并不能被用在简单的物理现象中。如果说负数还算是能够被理解和接受——因为它们至少能代表债务或者赤字，那么为了理解虚数的概念，我们必须放弃将它们看作代表"数量"

的数字。我们无法给虚数赋予一个可以应用在日常生活中的意义，甚至睡不着的时候也不能拿它们来数羊。

虚数最终慢慢地将数学家从它们的复杂程度中解脱了出来。毕竟，如果说，只需要"接受负数的平方根的存在"就能创造出一种新型的数字，那么我们为什么不能走得更远一些呢？我们为什么不能人为地补充一些新的"数字"，并且定义它们的运算性质呢？甚至，我们为什么不能创造出一些新的代数结构，使其与过去经典的数字完全没有任何关系呢？

在 19 世纪，先验的认为"经典意义上的数字才是数字"的想法被摒弃了。从此，一个代数结构变成了一个简单的、由若干元素（在某些情况下，我们称这些元素为"数字"，但它们并不总是数字）构成的数学结构，而且我们能够对这些元素进行运算（有的时候，这种运算可能是加减乘除等，但也并不总是如此）。

这种新的自由将会带来一场巨大的"创造大爆炸"。新的代数结构——它们或多或少总是有些抽象——被发现、研究和归类，鉴于任务的艰巨性，先是欧洲的数学家们，然后是全世界的数学家们组织起来，分享、协作。即使在今天，在全球范围内，依然还有大量的代数研究正在进行，还有许多的猜测仍未经证实。

创造自己的数学理论

你是否曾经梦想过有一个以自己的名字命名的定理，像毕达哥拉斯、婆罗摩笈多或者阿尔·卡西那样？梦想总是要有的，我建议我们现在就开始创造和研究属于自己的代数结构。为了做到这一点，你需要两种素材：一列元素，以及一种对于这些元素的运算。

举例来说，让我们选取 8 个元素，然后按照以下的符号记录它们：♥, ♦, ♣, ♠, ♪, ♫, ▲和☼。 我们还需要一个符号定义我们的运算，让我们选择 ✳ 这个符号——为了向那位意大利的学者致敬，我们称之为"邦贝利化"。为了明确两个元素在邦贝利化后得到的结果，我们现在需要建立一个运算图表。让我们画一张 8 行 8 列的表格，每一行每一列都分别对应 8 个元素之一，然后，按照自己认为合适的方式来把这个表格填满——每一个空格中都要填上这 8 个元素之一。（见下页图）

好了！现在你的理论已经准备好了，剩下的就是研究它了。比如，我们来看一看第二行和第四列，能够得知，♠和♦邦贝利化之后，得到了☼。换句话说，♦ ✳ ♠ =☼。你甚至可以通过自己的理论来解方程。举个例子：

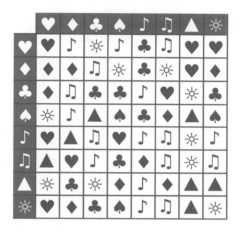

　　寻找一个元素，如果我们将它和♣邦贝利化，会得
到♫。

　　为了找到可能的解决方案，只需要看一看上面的表格
就可以了。值得注意的是，一共存在两个解：◆和♪，因为
◆ ✳ ♣ = ♫且♪ ✳ ♣ = ♫。

　　然而，需要小心，因为在这个新理论中，我们习惯的一
些性质可能是错误的。举例来说，如果我们交换两个邦贝利
化的符号的顺序，得到的结果可能是不同的：♥ ✳ ◆ = ♪，
而◆ ✳ ♥ = ◆。在这种情况下，我们就说这种运算是"不
可交换"的。

随着进一步的观察，你同样还会发现一些更加普遍的运算性质。比如，一个元素邦贝利化自己的结果还是它自己，比如：♥ ＊ ♥ ＝ ♥，♦ ＊ ♦ ＝ ♦，♣ ＊ ♣ ＝ ♣……以此类推。这一结果值得获得我们这个理论的"第一定理"的称号！

总而言之，你应该明白原则是什么了。如果你想拥有自己的定理，只需要"自己动手，丰衣足食"。当然了，你可以自由地选择元素的数量，甚至可以选择一个无穷的集合，只要你开心。你当然可以定义更复杂的记数系统，好比我们现在的整数系统，我们的整数并不是每个数字都有自己对应的符号的，所有的整数都是由 10 个印度数字组合而成。然后，你可以增添运算的法则，让它们成为你的理论中的公理。比如，你可以在你的代数结构的定义中声明，你的运算法则是"可交换"的。

好吧，还是让我们不要自欺欺人的好，在这种情况下，你的"新理论"想要流芳百世基本上是毫无希望的。并不是所有的数学模型都具有同样的价值！有一些数学模型的确比其他的更实用也更重要。当你创造一个随机的运算表格的时候，有极大的可能性是你的运算理论毫无价值。如果不是这样的话，那么还有极大的可能性是在你之前，已经有某个数学家做过相关的研究并且发表过论文了。

因为，我们必须得实话实说，数学家是一种职业呀！

如何辨别一个理论是否值得注意呢？纵观历史，有两个主要标准引导了数学家们的探索。其一，这个理论必须要有用；其二，这个理论必须是美的。

毫无疑问，实用性是最明显的一点。数学诞生的最初理由，就是为了要"服务于"某种目的。数字是实用的，因为它们能够用来计数，还能用来做生意。几何学能够测量世界，代数能够解决日常生活中的问题。

而对于"美"来说，这个标准看上去有些模糊，不够客观。一个数学理论怎么能是"美"的呢？或许在几何学领域，这个问题会更好理解一些，因为一些几何图形从视觉上来看就像是艺术作品一般。比如美索不达米亚人的腰线装饰，比如柏拉图立体（正多面体），再比如阿兰布拉宫的密铺装饰。但是在代数学中呢？一个代数结构可能有美感吗？

长久以来，我一直认为，能够被数学对象的优美和诗意打动的天赋是一种"专业现象""特权独享"，只有那些知识渊博的数学爱好者，那些花了足够长的时间来研究、分析、理解数学理论并且反复咀嚼，直到熟稔每一个细节的人，那些能够使用抽象的概念开创出一片深邃的、成熟的"私密领域"的专业人士，才能够懂得数学之美。可是我错了，事实上，我曾经很多次亲眼看见这种优美的感知能力出现在"数学菜鸟"们身上，甚至年幼的孩子们身上。

令我印象最深的一个例子，是某次我去一所小学和一年级的小朋友们进行研究互动。那些孩子大概 7 周岁。我让小朋友们观察三角形、正方形、矩形、正五边形和正六边形，还有很多其他几何形状，并且请他们按照自己选择的标准给这些形状排序。由现场情况看来，我们能够从数这些图形的数字开始，比如数它们的边数或者它们的顶点数。三角形有三条边和三个顶点，正方形或者矩形有四条边和四个顶点，以此类推。在排列顺序的过程中，孩子们很快就发现了一个定理：对于一个多边形来说，它的边长数总是等于顶点数。

第二周，孩子们又面临着新的挑战，我带来了很多奇形怪状的道具，比如下面这个。

然后就有了这个问题：这个图形有多少条边、多少个顶点呢？于是，大部分的孩子都认为有 4 条边、3 个顶点。图形下方凹进去的那个角被认为并不能算是一个顶点，因为它不够 "尖"。我们也不能滚动这个形状，因为它是 "凹" 进去的，而不是 "凸" 出来的。总之，这个凹进去的角完全不符合孩子们预先设想的 "顶点" 的概念。如果我告诉孩子们这个点也叫作"顶点"，就好像让他们用同一个名字命名两种不同的东西，这可真是棘手啊，于是，讨论如火如荼地展开了。然而，并不是所有的孩子都认可这个"新型顶点"的概念。我们应该给这个点起个新名字吗？还是干脆无视它的存在？有一些孩子认为是，有一些孩子认为不是，但是整体而言，似乎没有一个让大多数人都信服的说法。

然后，突然之间，有个孩子想起了上周的定理。如果这个点并不是一个顶点，那么我们就不能说任意多边形的边长数等于顶点数了。让我震惊的是，此言一出，全班同学瞬间哗然。几秒钟之后，所有人都一致同意：这个点也应该被叫作"顶点"。我们必须要拯救我们的定理，哪怕需要付出的代价是我们的偏见，如果这样一句如此简单、如此清晰的声明居然还有例外的情况，那该是多么可惜的一件事情啊。我在这些年幼的孩子身上，见证了人类头脑中最早出现的、对于数学之美的情感。

"除非"对于数学来说是不美的，"例外"让人心痛。一则声明越简单、它所指的范围越大，我们就越觉得自己触碰到了某些深刻的东西。数学之美可以有多种形式，最核心的一点在于，它能够在复杂的研究对象和简洁的表达式之间建立起令人目眩神迷的联系。一则美丽的定理是一条朴素的定理，没有冗余的边角料，没有随意的例外，也没有毫无用处的差别。美的定理是大音希声，是用几个字概括的真理精髓，是无懈可击的完美。

如果说多边形的这个例子还是太"初级"了的话，那么，当理论一方面扩大了适用范围，另一方面却保持了原有的秩序并且简化为少数的几个规则的时候，这种对"美"的印象无疑会进一步加深。而且，当一个人们认为理应比旧理论更加复杂，然而实际上却更加合理也更加和谐的新理论出现的时候，就更加令人震撼了。虚数就是一个完美的例证。

请想一想二次方程。根据花拉子米的方法，这些方程很有可能有两个解，但是也有可能只有一个唯一解，或者根本没有解。这种说法当然是对的，如果我们只考虑那些不包括虚数解的情况。如果我们算上虚数解的存在，二次方程解的规则就被大大地简化了：所有二次方程都有两个解！当花拉子米宣布一个二次方程没有解的时候，原因很简单，因为他手里的数字范围太狭窄了。所谓"没有解"的二次方程，其实有两个虚数解。

还有更妙的。多亏了虚数的发现，所有的三次方程都有了三个解，所有的四次方程都有了四个解，以此类推。总而言之，规则是：一个方程的解的数量等于它的次数。这个猜想在 18 世纪被提出，19 世纪初期，德国数学家高斯证明了它。今天，我们称之为"代数基本定理"。

在花拉子米的方程解法提出 1000 多年之后，在人们面对三次方程时曾遇到了种种不如意之后，在人们终于不情不愿地接受四次及其以上的方程根本无法借助几何表示这个事实之后，谁能够相信，所有这一切，万流归宗，最后只化为简简单单的十几个字呢？一个方程解的数量与它的次数相同。

看吧，这就是虚数的神奇！而且，受益于虚数的，并不仅仅是方程。在虚数的世界，大量简洁且优美的定理如雨后春笋一般冒了出来。数学中所有的领域看上去都受益匪浅。邦贝利或许并没有想到，在他给自己的"复杂的数"正名的时候，也小心翼翼地为后世的数学家们推开了一扇天堂之门。

在19世纪，出现了新型的代数结构，数学家们在这些结构中寻找相同类型的属性。一般的规则、对称、类比、结果纷至沓来，而且彼此之间完美互补。我们在之前尝试发明的小小定理，远远不能够满足这个标准，因此也没什么价值。它完全是随机的，而且基本上一切都是特殊的。没有什么方程的普遍规则，也没有什么运算的特性，还是忘了它吧。

在现代代数学领域的伟大人物当中，我们发现了埃瓦里斯特·伽罗瓦的名字。伽罗瓦是一位数学天才，1832年死于一场决斗，那一年他只有21岁。但是，在短暂的一生当中，他却为方程史的发展做出了卓越的贡献。伽罗瓦证明了从五次方程开始，某些方程的解就不可能通过类似花拉子米公式或者卡当公式之类的只含有简单的四则运算、求幂和求根的公式来计算了。他为了完成这个极度出色的证明，创造了一种新的代数结构，在当今依然被人们学习沿用，这就是以他之名命名的"伽罗瓦群"。

　　但是，最高产、最熟稔"借透彻的洞察建立优雅的抽象概念，再将之漂亮地形式化"的艺术的，恐怕要数德国数学家埃米·诺特。从 1907 年到 1935 年去世期间，诺特发表了将近 50 篇代数学论文，其中一些引发了代数学领域的"地震"——因为她对代数结构的选择及她从中推导出来的定理。她研究的主要范畴，就是我们今天所说的"环、域、群"[1]领域，也就是通过精心选择的属性，分别具有三种、四种、五种相关运算的代数结构。

　　从此，代数进入了抽象的领域（抽象代数），至此，我们这本简单的小书必须在这里停下并且打道回府了，因为那是具备大学课程训练和撰写学术著作的人专有的领域。

---

[1] "algèbre"一词在法语中，有的时候指广义上的代数学，有时也指狭义上的群论。

第十二章

数学语言

  16 世纪的欧洲是热血沸腾的。文艺复兴运动在席卷了意大利之后，开始向整个欧洲大陆蔓延。改革创新接二连三，发明发现如雨后春笋。在大西洋以西的地方，西班牙船队发现了新大陆。虽然越来越多的探险者整装待发，迫不及待地去探索遥远的土地，但人文主义的知识分子们却在他们的图书馆里，回到过去，重新发现古典时期的那些伟大文本。宗教层面上也是如此，种种传统正在被撼动。马丁·路德和约翰·加尔文引导的宗教改革正取得越来越大的成功，而 16 世纪下半叶，则是宗教战争风生水起的关键时刻。

  新观念的传播在很大程度上要归功于 1450 年德国人约翰内斯·谷登堡的活字印刷术。多亏了这种新方法，书籍印刷的速度大大提高，因此也提高了图书扩散的速度和传播范围。1482年，威尼斯出版社出版的欧几里得《几何原本》成为第一本被印刷的数学著作。这次印刷取得了巨大的成功！到了16世纪初期，欧洲上百个城市已经有了自己的印刷厂，上万本书籍被印刷出版。

在这些翻天覆地的变革之中，科学也成为相当活跃的领域。1543年，波兰天文学家哥白尼发表了 *De Revolutionibus Orbium Coelestium*，即《天体运行论》。晴天霹雳！哥白尼彻底否定了托勒密的天文系统，并且宣称，地球围绕着太阳运转，而不是太阳围绕着地球运转！在接下来的几年中，布鲁诺、开普勒甚至伽利略纷纷追随着哥白尼的脚步，日心说成了一种新的宇宙参考模型。这场变革自然吸引了大量的学者参与其中，可惜他们遭到了来自教会的疯狂打压。吊诡的是，教会很长一段时间以来一直鼓励着科学的发展，但没想到，科学的发展最后却给天主教教义的基石以沉重的一击。如果说哥白尼尚有些"忧患意识"，一直到死前才敢发表他的著作，那么布鲁诺则恰恰相反，因为公开支持日心说而被活活烧死在罗马的鲜花广场，伽利略在面对法院审判的时候，也不得不放弃了对日心说的坚持。有传闻说，在伽利略离开法庭审判室的时候，这位意大利学者嘴唇微翕，喃喃而出了日后闻名天下的那四个词：*E pur si muove*！——然而，地球是围着太阳转的！

这场浩浩荡荡的运动也影响了数学，随着文艺复兴的脚步，数学逐渐地传播到了西欧的诸个大国，尤其在法国强势登陆。

当然了，在文艺复兴之前，数学就已经在法兰西的土地上生根发芽了。法国人的祖先高卢人曾经有过一种二十进制的计数系统，所以，现代法语中数字 80 的发音：quatre-vingts（4 个 20），毫无疑问就是当时遗留下来的痕迹。后来，罗马人占领了高卢，虽然罗马人当中没有诞生什么伟大的数学家，但是他们对数字还是有着足够的掌握——以便有效地管理庞大的帝国。在漫长的中世纪，法兰克王国、墨洛温王朝、加洛林王朝、卡佩王朝你方唱罢我登场，而在这漫长的 1000 多年的岁月中，法国从来没有出现过任何顶级的数学家。甚至在这个国度中，从来没有人发现什么——在其他的文明中已经独立出现的——定理或者重要的数学结论。

由于借着文艺复兴的"春风"，数学终于在法国"登陆"，像我这样的数学家才有机会走上数学的职业道路。让我们把视线投向旺代省。今天，我就来到了这个法国的西部省份，我将要和文艺复兴时期法国诞生的第一位伟大的数学家——弗朗索瓦·韦达——来一次"穿越时空的约会"。

距离旺代省的副省会城市丰特奈勒孔特 12 千米的地方，有个名叫富赛佩勒的小村庄，这个村庄拥有悠久的历史。早在高卢 – 罗马时期，这个地方就已经有人类生活的痕迹，然而等到文艺复兴"来袭",这个小村庄将会迎来巅峰时期。大量的工匠和商人迁居此地,他们的生意也相当兴隆。经过一段时间的发展,这里的羊毛、亚麻和皮革贸易逐渐享誉全国。直到今天,当时的很多建筑还被完好地保留了下来,十分引人瞩目。对于这个小小的、只有1000名常住人口的村庄来说,居然有至少4栋被列为历史遗迹的建筑,还有大量的其他古老宅邸。

在富赛佩勒北部,是一片叫作"拉比戈特耶"的土地,弗朗索瓦·韦达从他父亲那里继承了这块小小的领地,因此,他也被冠上了"拉比戈特耶主人"的名号。在拉比戈特耶的中央大街上,有一座圣凯瑟琳客栈,这里曾是韦达家族的祖产,在弗朗索瓦·韦达青少年的时候,他很喜欢在这里打发时光。对于我来说,这是一次激动人心的"朝圣"之旅,穿越这些古旧的砖墙,我仿佛见到了法国历史上第一位伟大的数学家正在逐渐地长大成人、大放异彩。毫无疑问,在无数个寒冷的冬夜,年轻的弗朗索瓦就靠在堂屋中心处那座巨大的壁炉旁取暖,而今天,这座堂屋成了客栈的餐厅。是否正是壁炉中温暖的火焰,点燃了弗朗索瓦心中数学的火种呢?

韦达并没有在富赛佩勒度过一生。在普瓦捷市学习法律并取得学士学位之后,他前往里昂游历,在那里,他被介绍给了国王查理九世,然后又在拉罗谢尔停留了一段时间,最终定居巴黎。

彼时，欧洲的宗教战争正处于鼎盛时期。弗朗索瓦的家族同样也被卷入其中，并且分帮结派。弗朗索瓦的父亲艾蒂安·韦达改信了新教，而两个叔叔却依然坚持信仰天主教。面对家族中的宗教论战，弗朗索瓦始终不置可否，他从来没有透露过自己内心的信仰。作为律师，他既为新教世家辩护，也为达官贵人辩护。但这种模棱两可的态度并不总能让他蒙混过关，在一段时间内，弗朗索瓦成了过街老鼠，人人喊打。1572 年圣巴托罗缪之夜[1]，他刚好抵达巴黎，不过侥幸地逃过了大屠杀。可惜并不是人人都有如此好运。第一位将数学引入巴黎大学的学者彼得吕斯·拉米斯——他的研究在很大的程度上影响了韦达——在 8 月 26 日被杀害。

在作为职业律师的同时，韦达还是一位数学爱好者。因为文艺复兴的到来，韦达也读到了欧几里得、阿基米德和其他古典时期的学者们的著作。他还对意大利数学家们的研究很感兴趣，他是邦贝利所著《代数学》的第一批读者之一，

---

[1] 译注：又称圣巴托罗缪大屠杀，发生于 1572 年法国宗教战争期间，由宫廷内部针对胡格诺派（法国加尔文主义新教徒）领导人物的刺杀行动引发，之后发生天主教徒针对胡格诺派的暴动。传统上认为此事件是由查理九世的母后凯瑟琳·德·美第奇煽动的。屠杀发生于国王的妹妹玛格丽特·德·瓦卢瓦与新教徒亨利·德·瓦卢瓦（未来的亨利四世）婚礼的 5 天后。1572 年 8 月 23 日晚间（圣巴托罗缪纪念日前夜），国王下达了杀害胡格诺派多数领导人的命令，随后屠杀在巴黎蔓延开来。屠杀持续了数周，扩散至乡间和其他城镇。现在估计死伤者数目的范围十分宽泛，在 5000 人至 3 万人之间。圣巴托罗缪屠杀也标志着法国宗教战争的转折点。此次屠杀成为"数个世纪中最可怕的宗教屠杀"，从此，整个欧洲的新教徒都或多或少因此事件印下了对天主教的敌意。

即使这本书的出版其实根本没有激起任何水花。不过，韦达对于邦贝利引入的"复杂的数"还是持怀疑的态度。终其一生，韦达一直在自费出版数学著作，然后将他的书寄给他认为值得阅读此书的人。韦达对天文学、三角学，以及密码学最感兴趣。

1591 年，韦达出版了他最著名的著作 *In artem analyticem isagoge*，即《分析方法入门》，通常被简称为《入门》（*Isagoge*）。有意思的是，《入门》之所以成为一部里程碑式的著作，既不是因为其中的定理，也不是因为其数学论证，而是因为书中结论的表达方式。韦达是一种新型代数学的主要引导者，而这种新的代数学在未来的几十年内，将产生出一种全新的数学语言。

为了理解韦达的研究，我们必须要再次回到过去，翻开在韦达之前成书的那些数学著作。如果说欧几里得的几何定理和花拉子米的代数方法在今天依然非常有用的话，需要注意的是，它们的表达方式已经发生了翻天覆地的改变。古代的学者们其实并没有一种特殊的语言来撰写数学知识。例如，人人都熟悉的、代表基本四则运算加、减、乘、除的符号（＋、－、×、÷）是在文艺复兴时期才被创造出来的。在长达 5000 年的岁月中，从古代美索不达米亚人到古希腊人、古代中国人、古代印度人，再到古代阿拉伯人，人们书写数学公式的时候，使用的一直是日常生活中的语言。

花拉子米和其他巴格达代数学家的著作完全用阿拉伯语写成，其中一个符号都没有。在他们的著作中，有一些推理过程往往长达几页，而如果换成今天的数学语言，可能简单的几行篇幅就够了。你可能还记得，在《代数学》一书中，花拉子米是这样描述二次方程的：

> 某个数的平方加上 21 等于这个数乘以 10。

下面是花拉子米对这个二次方程的具体解法：

> 平方加数字等于根。举例来说，"某个数的平方加上 21 等于这个数乘以 10"。也就是说，当一个平方数加上 21 个迪拉姆[1] 之后，等于这个平方数之根的 10 倍时，这个平方数是多少？解答过程：取根倍数 10 的一半，一半等于 5。5 乘以自身，等于 25。用 25 减去之前与平方数相加的 21，剩下 4。4 开平方根，等于 2。用根倍数的一半，即 5，减去 2，等于 3。这就是我们所求的平方数的根，因此这个平方数等于 9。我们也可以将 4 的平方根 2 和根倍数的一半 5 相加，结果等于 7，这也是我们所求的平方数的根，此时平方数等于 49。

---

[1] 译注：迪拉姆是古代阿拉伯世界通行的一种金属货币。

在今天看来，这样一种文本读起来是很枯燥的——哪怕是对于那些已经熟练掌握了花拉子米求解方程方法的学生们来说。花拉子米的方法得出了两个答案:9 和 49。

我们后来将花拉子米的论证称为"代数修辞"，这种方式不但写起来非常冗长，而且还因为受限于语言而具有一定的歧义，在这种情况下，同一个句子可能有多种解释。随着数学推理和论证的过程变得越来越复杂，这种写作模式渐渐地显露了弊端。

而且，数学这种"书写、阅读、理解的困难"，有的时候还是数学家们"自找"的。我们经常发现，有些数学知识是用诗歌的形式写成的。这种现象可以算得上是"口口相传"的传统留下来的"糟粕"，毕竟，诗歌形式的内容更容易被牢记于心。当塔尔塔利亚传授给卡尔达诺三次方程的解法的时候，他将解法写成了一首意大利语的亚历山大体诗！当然了，这首"诗"的表述看起来并没有一般诗歌的清晰明了，这一点我们可以放心大胆地怀疑是塔尔塔利亚故意为之，毕竟从主观上讲，他并不愿意披露三次方程的解法，所以故意将内容用很晦涩的语言写成。下面就是从这首"诗"中摘录的一段的法语译文。

> 当立方加上一些事物，
> 与一个数字相等，

找到两个与这个数字不同的数字。

然后如同往常一样，

无论它们的结果是否一样，

从这个立方到事物的三分之一。

然后在一般的结果中，

从被减去的它们的立方根中，

你得到了主要的事情。

　　简直是莫名其妙，不是吗？在这首"诗"中，被塔尔塔利亚称为"事物"的，其实就是要求的方程解，也就是未知数。文中的"立方"表示这首"诗"和三次方程有关。就算是卡尔达诺自己，当拿到这样一首莫名其妙的"诗"的时候，也是花费了九牛二虎之力才"破译"的。

　　为了解决这个变得日益复杂的问题，数学家们逐渐地开始简化代数语言。这个过程开始于中世纪晚期的西方伊斯兰世界，不过，在15世纪至16世纪的欧洲，这个运动得到了格外充分的开展。

　　最开始，出现了一些新的、特殊的数学名词。因此，威尔士数学家罗伯特·雷科德在16世纪中叶提出了一份特别的、关于未知数的幂的名词目录。这份目录基于一个前缀系统，能够表示任意次数的乘方。比如，未知数的平方被称为zenzike，该未知数的6次方则被称为zenzicubike，8次方则是 zenzizenzizenzike。

然后，渐渐地，各种我们今天很熟悉的、在当时看来则是"全新"的符号开始大范围出现，并且迅速得到推广。

大约 1460 年，德国人约翰内斯·威德曼首先使用了加号 和减号来代表加法和减法。16 世纪初期，我们的"老熟人"塔尔塔利亚第一个在计算中使用括号符号。1557 年，英国人罗伯特·雷科德第一个使用等号表示等于。1608 年，荷兰人鲁道夫·司乃尔第一个使用逗号分隔开数字的整数部分和小数部分。1621 年，英国人托马斯·哈里奥特第一个使用小于号和大于号表示两个数字之间的大小关系。

1631 年，英国人威廉·奥特雷德使用乘号表示乘法，1647 年，他又成为第一个使用古希腊字母 π 表示阿基米德圆周率的人。德国人约翰·拉恩在 1659 年首先使用除法符号。1525 年，德国人克里斯托夫·鲁道夫设计出了平方根符号√；1647 年，法国人笛卡尔在这个符号的基础上加了一条横线：$\sqrt{\ }$。当然了，所有这一切都不是以线性的、有序的方式发生的。在这段时间内，有大量的其他符号被创造出来，又被埋葬在历史的尘埃中。有一些符号只被使用过一次，而其他的一些符号则蓬勃发展并且相互竞争。一个符号，从它第一次被使用到最终被数学界接受，往往需要数十年的时间。比如，在加号和减号被创造出来一个世纪之后，还没有完全被数学界接受，很多数学家依然使用 P 和 M 代表加号和减号，因为 P

是拉丁语"加"（plus）的首字母，而 M 是拉丁语"减"（minus）的首字母。

那么，韦达在其中做了怎样的贡献呢？实际上，这位法国学者在这场庞大的运动中起了"催化剂"的作用。在《入门》一书中，他发起了一项庞大的"代数现代化"计划，通过"文字化的计算"，留下了一把开启新世界大门的钥匙，也就是说，他是用字母来表示运算的。他的提议非常简单，又让人感到手足无措：用元音字母代表方程中的未知数，用辅音字母表示方程中的已知数。

这种"元音 + 辅音"的表示方法很快就被人们抛弃了，因为后来笛卡尔提议了一种略有不同的表达方式：用字母表的前几个字母（a,b,c……）表示已知数，用最后几个字母（x,y,z）表示未知数。在今天，大部分的数学家还在使用笛卡尔的表达方法，而字母"x"则进入了日常生活中的语言，成了神秘和未知的标志。

为了更好地理解这门新语言将给代数学带来怎样的转化，请看下面这个方程式：

寻找一个数字，该数字乘以 5 等于 30。

借助新的符号系统，上述方程式可以用若干个符号表示为 5 × x = 30。

怎么样，是不是短多了！同样，让我们再来看下面这个方程式——记住，它只是一个广泛意义上的方程类别中的一种特殊情况：

寻找一个数字，乘以某个数字甲之后等于数字乙。

这个方程式可以被写作 $a \times x = b$。

数字 a 和 b 取自字母表的前两个字母，我们知道，它们代表的是两个已知的数字，我们需要从这两个数字出发，计算未知数 x。如同之前看到的那样，这种方程的解法只需要用第二个已知数除以第一个已知数即可，换句话说就是 $x = b \div a$。

从此之后，数学家们开始有意识地列举各种情况，并建立处理字母化方程的相关规则。代数学开始逐渐转化为一种"制定规则的游戏"，被允许的操作都是由运算法则来决定的。说到这里，让我们再回头看看方程解。从 $a \times x = b$ 到 $x = b \div a$，字母 a 从等号的左侧移到了右侧，运算从乘法变成了除法。于是，这就是一个运算规则：所有的被增量都可以被移到等号的另一侧，乘法变成除法。对于方程中的加法、减法、乘方变换，人们也制定了相关的规则。但"游戏"的目的是始终不变的：求未知数 x 的数值。

这种符号系统非常有效，以至于代数学很快地从几何学中脱离出来，成为一门独立的学科。从此，代数学家们再也不需要用矩形面积来解释乘法，也不需要通过几何拼图来论证代数问题了。x、y 和 z 接过几何图形的大旗，闪亮登场！而且还有更妙的。使用字母进行运算实在是太高效了，因此不久之后，字母运算将颠覆整个数学领域的权重关系。很快，几何学就会发现自己需要大量依靠代数学的论证了。

带来这种"颠覆"的，是法国的笛卡尔，他创造了一种简单又强大的、将几何问题代数化的方法——一个带有坐标轴和坐标的系统。

笛卡尔坐标

笛卡尔的想法既简单易懂，又精妙绝伦：在一个平面上设置两条带刻度的直线，一条垂直，一条水平，通过确定一个点在两条轴线上的坐标，就能够锁定这个点的几何位置。比如，让我们看一下如后页图中点 A 的例子。

点 A 位于水平轴坐标（横坐标）2 之上，与垂直轴坐标（纵坐标）4 平齐。所以它的坐标就是（2，4）。通过这种方法，几何意义上的任意一点都能够用两个数字表示，反之亦然，任意两个坐标数字都能够锁定一个点。

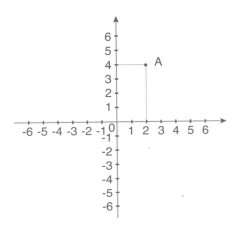

　　自诞生伊始，几何学和数字一直是很亲密的小伙伴，而自从笛卡尔坐标横空出世，这两门学科终于水乳交融，你中有我我中有你了。自此，每一个几何学的问题都能够通过代数的方式解释，每一个代数的问题都能够用几何的方式表示。

　　举个例子，让我们考虑一下这个一次方程：x+2=y。这是一个有两个未知数的方程：我们要求 x 和 y。举例来说，x=2 和 y=4 就是该方程的一个解，因为 2+2=4。我们可以发现，数字 2 和 4 正好是点 A 的坐标值。因此，该方程的解能够通过这个点来几何表示。

　　事实上，方程 x+2=y 的解有无穷多个。比如 x=0、y=2 或者 x=1、y=3 都是该方程的解。对于任意数值的 x，都能够找到对应的 y 值，只需要在 x 的基础上加上 2 即可。现在，我们可以在平面上画出所有满足这个方程的点。于是我们得到了如下的情况：

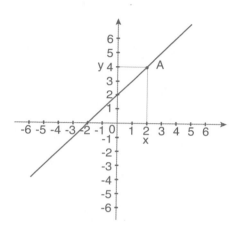

　　一条直线！这个方程的所有解构成了一条完美的直线。这条直线之外，没有任何其他的解存在。因此，在笛卡尔坐标的世界中，这条直线就是这个方程的几何表达，正如这个方程是这条直线的代数表达一样。几何学与代数学合二为一，于是在今天，我们经常能够听到数学家们说起诸如一条"x+2=y"的直线。把同一个名字赋予不同的对象，几何学和代数学的确正在努力变成同一门学科。

　　这种对应方式仿佛一本"词典"，能够将研究对象从几何语言"翻译"成代数语言，并且反之亦然。比如，在几何学上我们所谓的"中心"，在代数学上可称为"平均数"。让我们再用点 A 来举例子，点 A 的坐标是（2，4），再考虑另一点 B，坐标为（4，–6）。为了寻找到点 A 和点 B 之间的中点，只需要求两者坐标的平均数即可。A 点的第一个坐标是 2，B 点的第一个坐标是 4，于是 AB 中点的第一个坐标，就等于 A 点的第一个坐标和 B 点的第一个坐标的平均数：(2+4)÷2=3。垂直方向的坐标也是如此，于是我们得到了 [4+(–6)]÷2=–1。因此，AB 两点中点的坐标为（3，–1）。我们可以通过绘制图形来验证，这个结果是完全正确的：

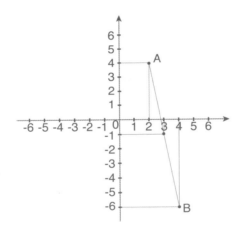

在这本"代数—几何词典"中，圆化身为二次方程，两条曲线的交点能够由一个方程组来表示，而对于毕达哥拉斯定理来说，三角学构造和各种切割拼图变成了不同的文字公式。

总之，在研究几何学的时候，我们不再需要绘制图形，因为代数计算已经取代了它们的位置，而且更快更方便！

在接下来的几个世纪中，笛卡尔坐标取得了许多的成功。其中最杰出的成功毫无疑问是它帮助解决了自古典时期以来，数学家们一直有的一个猜想："化圆为方"问题。

我们如何通过尺规作图画出两个面积相等的圆和正方形？你可能还记得，早在 3000 多年以前，誊写人雅赫摩斯面对这个问题时，想破脑壳也没有找到答案。在他之后，古代中国和古希腊的数学家们也纷纷向其挑战，但都无功而返。随着时间的推移，这个问题居然成了数学界非常重要的猜想之一。

多亏有了笛卡尔坐标！我们知道，直线能够用代数语言中的一次方程表示，而圆面积能够用二次方程表示。于是，从代数学的角度来看，"化圆为方"的问题可以换成如下的说法：我们能否找到一系列一次方程或二次方程，使得 π 成为它们的解？这种新的表达方式给"化圆为方"的研究注入了新的活力，但是即使如此，这个问题依然很复杂。

终于，1882 年，德国数学家费迪南德·冯·林德曼终结了这个"千年悬案"。不，数字 π 并不是任何一次方程或者二次方程的解，因此化圆为方是不可能实现的。于是，这个数千年来一直不断地被数学家们挑战的、历史最悠久的"猜想"终于谢幕，画上了一个圆满的句号。

笛卡尔坐标也能够被很容易地推广到立体几何当中。在三维空间中，每一个点由三个坐标标记，平面上的代数规律在三维空间内也一样适用。

当我们面对四维空间的时候，事情就变得有些微妙了。在几何学上，我们没有办法呈现出一个 4D 的图像，因为我们的物理世界最高维只有 3D。然而，在代数学上，这个问题简直不是事儿：一个四维空间中的点，不过是一连串的 4 个数字而已。所有的代数学方法自然也适用于高维空间。比如，假设我们有两个点 A 和 B，它们的坐标分别为 $(1, 2, 3, 4)$ 和 $(5, 6, 7, 8)$，我们能够轻松地通过求平均数的方法来确定这两点的中点坐标为 $(3, 4, 5, 6)$。在 20 世纪，四维空间的几何学将在阿尔伯特·爱因斯坦的相对论中大显身手，因为爱因斯坦使用第四个坐标来给时间建模。

诸如此类的情况我们能够一直推广下去。一连串的 5 个数字能够代表五维空间中的一个点；加上第 6 个数字，我们就得到了一个六维空间。在这一过程中，我们没有任何的阻碍。一连串的 1000 个数字能代表一个一千维空间中的点。

不过，到了这种层面，这种"以此类推"看上去就像是个语言学的玩笑，只能让人莞尔一笑，没有什么实际层面上的价值。可是请再仔细想想，这种对应关系能够有许多种应用，尤其是在统计数据方面，而统计的目的就是研究长长的一串给定的数据。

举例来说，如果想要研究某一类人群的人口统计数据，我们可能需要量化一些具体的指标，比如一个群体中个人的身高、体重、饮食习惯在平均数值附近的波动情况。在几何学上解释这个问题，意味着计算两个点之间的距离，第一个点代表着每一个个体一连串的具体数据；第二个点代表着一连串的平均数据。所以，群体中的个体数量直接决定了数据的数量。然后，计算的过程可以借助满足毕达哥拉斯定理的直角三角形来完成。因此，当一位统计学家计算一个由1000名成员构成的族群的标准偏差时，往往在不知情的情况下，在一个一千维的空间中使用了毕达哥拉斯定理！这种方法同样也适用于进化生物学，用来计算两种生物族群之间的遗传差异。通过测量基因编码在几何学意义上的距离，并且将其通过一系列数据的方式表示，人们就能够建立不同物种之间的"亲缘远近关系"，然后逐渐地演绎出生命的进化树。

我们甚至还能够探索一连串由无穷个数字构成的数据组，这也意味着，这是一个无穷维空间中的点！实际上，我们已经认识这样的点了，比如由斐波那契数列之类的数列构成其坐标的点。这位意大利的数学家，通过研究兔子，毫无疑问也开创了一个无限维度的几何空间！正是这种几何学解释，让18世纪的数学家们能够清楚明确地建立起斐波那契数列和黄金分割率之间微妙的关系。

第十三章

世界的
字母表

"哲学写在这部称为宇宙的大书上，这本书永远打开着，接受我们的凝视。但要是我们不先掌握它的语言，不去解读它赖以记录的字符，那我们就不可能理解这部大书。它以数学语言写就，其字符是三角形、圆形和其他几何图形。没有这些，凡人连一个词也读不懂；没有这些，人们就在暗黑迷宫中徘徊。"[1]

这段文字节选自伽利略1623年撰写的《试金者》（*Il Saggiatore*）一书，这本书可谓是人类科学史上著名的著作之一。

---

[1] 译注：本段译文引用自国内科普工作者吴帆发表于知乎的版本。

伽利略毫无疑问是人类历史上最高产和最具有创新精神的科学家。这位意大利的科学家被普遍认为是现代物理学的创始人。应该说，通过阅读他的个人简历，我们能由衷地涌起一种"颤抖吧人类"的感觉。他发明了天文望远镜；发现了土星环、太阳黑子、金星的周期，以及木星的四个主要卫星。他是哥白尼日心说的最具有影响力的倡导者；他阐释了物体的相对运动，直到今天我们依然用"伽利略变换"来描述相对运动的规则；他还是第一个通过实验研究自由落体运动的人。

《试金者》这本书，记录了伽利略时代的科学进展，尤其是数学与物理学之间日益紧密的关系。而在这一学科交叉的过程中，伽利略也算得上是先驱者之一。应该说，伽利略在 19 岁那年真的上了一所好学校，正是奥斯蒂利奥·里奇——塔尔塔利亚的学生之一——为伽利略做了数学的启蒙。在良师的指点下，伽利略将追随一代又一代科学家的脚步，了解到代数学和几何学不可阻挡的合一趋势，以及它们将成为解释这个世界的科学语言。

我们必须明确这种在数学和物理之间萌生的关联之性质。因为，虽然从人类诞生之初到现在的漫长历史岁月中，数学经常被用来研究和理解这个世界——正如我们已经目睹过无数次的那样，但是发生在 17 世纪的事情依然是全新的、史无前例的。在此之前，数学模型一直停留在人类结构的层面上，它始终建立在真实的现实，而不是某种由现实创造出来的规则之上。当美索不达米亚的土地测量员利用几何学来测量矩形田地的时候，这些地表之上的几何形状是测量员们绘制出来的。在农耕文明时期的人们把它们画出来之前，矩形在自然界中并不存在。类似地，虽然地理学家使用三角测量法来绘制区域地图，但是他们构思、绘制出来的三角形却是纯粹的、非自然的产物。

然而！试图用数学来解释人类出现之前就已经存在的世界却是一个完全不同的挑战！是的，在古代，有一些学者还真的试着这么做了。你或许还记得，柏拉图曾经将 5 个正多面体、4 个基本元素和宇宙联系在了一起。毕达哥拉斯学派的门徒特别痴迷于寻找这种类型的阐释，但是我们必须意识到，他们的理论在大多数情况下根本不靠谱。因为这些理论是建立在纯粹的形而上学之上的，从来没有经过检测，最终，这些理论中的绝大多数都被发现是错误的。

17 世纪的学者们将会认识到的一点是，自然根据其内在规则运转，自然被精确的数学法则控制，自然的规律可以通过重复试验的方式大白于天下。在这一时期，最显著的成就毫无疑问是牛顿发现的万有引力定律。

在《自然哲学的数学原理》（*Philosophiae naturalis principia mathematica*）一书中，这位英国学者首次提出，地球上的自由落体运动和天空中天体的圆周运动，都可以通过同一个现象来解释。宇宙中的所有物体都相互吸引。对于小物体来说，这种吸引力几乎无法检测出来，但是当这种吸引力产生在行星或者恒星之间，其效果将会变得格外显著。地球能够吸引地面上的物体，这就是为什么会有自由落体运动。地球同样对月球有吸引作用，在某种意义上说，月球也在"落向地球"。但是，因为地球是球体，而月球的运行速度非常非常快，所以月球永恒地处于"落在地球边上"的状态当中，这就是月球围绕地球运转的原因！正是出于同样的原因，太阳系的行星围绕着太阳运转。

牛顿并不仅仅提出了这一引力规律，他还精确地算出了相互吸引的两个物体之间的引力大小。实际上，他用一个数学公式精准地表示出了这个力。任意两个质点由通过连心线方向上的力相互吸引，该吸引力的大小与它们的质量乘积成正比，与它们距离的平方成反比。这个规律——多亏了韦达对计算的书面化——能够写成如下的形式：

$$F = G \times \frac{m_1 \times m_2}{d^2}$$

在这个公式中，字母 F 代表引力的强度，m_1 和 m_2 分别代表两个相互吸引的物体的质量，d 代表两个物体之间的距离，而数字 G 代表着一个固定的常数，数值为 0.000 000 000 066 7。

G 值之所以这么小，正好解释了对于小物体来说，万有引力是很不明显的，而当涉及行星或者恒星这样具有超大质量的物体的时候，它们的万有引力则能够被感觉到。想想看，每一次当你举起一个物体的时候，都可以说你的肌肉力量比整个地球对这个物体的吸引力还要大！

一旦建立了公式，物理问题就转化为了数学问题。于是我们就能够计算天体的运动轨迹，特别是它们未来的演化情况！寻找下次日食或月食的时间，就相当于求解一个代数方程的未知数值。

在接下来的几十年中，牛顿公式将记录下大量的成就。万有引力的存在让我们能够断言，地球是一个两极略"扁"的球体，而这一点也被通过使用三角定位法测量子午线的地理测量专家们证实。不过，牛顿理论最引人瞩目的成功，仍然应该是计算出了哈雷彗星的回归周期。

自古以来，学者们就在观察和记录天空中随机出现的彗星现象。为了解释彗星的出现，还衍生了两大对立的门派。亚里士多德学派认为，彗星是某种大气现象，因此相对更接近地球；而毕达哥拉斯学派则认为彗星类似于某种行星，也就是更遥远的天体。当牛顿出版《自然哲学的数学原理》的时候，这场纷争依然没有结果，两个学派的学者们依然就这个问题争论不休。

一种证明"彗星是遥远的天体，它们围绕着太阳运转，并且具有一定的周期"的方式是：做圆周运动的物体必将周期性地回归到同一点。可惜，在 18 世纪初的时候，还没有任何诸如此类的规律被人们观测到。然后，在 1707 年，一位英国的天文学家、牛顿的好朋友埃蒙德·哈雷宣布，他可能发现了什么。

1682 年，哈雷观测到了一颗彗星，第一眼看到它的时候，他并不觉得这颗彗星有什么特别的地方。然而，在 1681 年的时候，哈雷去过一次法国，参观了巴黎天文台并结识了卡西尼一世。卡西尼一世和哈雷讨论了关于彗星的周期性循环的假设。随后，哈雷查阅了大量的天文档案，发现其中记载了另外两次彗星的出现。其一是在 1531 年，其二是在 1607 年。1531 年、1607 年、1682 年出现的彗星，彼此之间相隔 76 年，有没有可能这就是同一颗彗星呢？哈雷决定做出大胆的推测，并预言这颗彗星将在 1758 年再度回归。

一个需要等待数十年去证实的结论！漫长的等待不但让人难以忍受，也让人紧张焦虑。其他的学者在等待的过程中借机完善哈雷的预测结果。特别值得注意的是，有人提出需要考虑到太阳系的两颗巨行星，即木星和土星，因为这两颗行星的引力有可能会改变哈雷彗星的运行轨道。1757 年，天文学家杰罗姆·拉朗德和数学家妮可 – 雷讷·勒波特开始着手进行一个基于亚历克西斯·克劳德·克莱罗由牛顿等式出发所创立的数学模型的计算。计算的过程漫长且乏味，这三位学者花了几个月的时间，最终预测出下一次哈雷彗星靠近太阳的时间大约在 1759 年的 4 月份，误差在 1 个月左右。

然后，令人难以置信的场景出现了。哈雷彗星如期而至，全世界都在天空中看见了它的身影，也见证了牛顿和哈雷的胜利。哈雷彗星在 1759 年 3 月 13 日来到太阳附近，正好在克莱罗、拉朗德和勒波特预测的区间之内。不幸的是，哈雷并没有能够活得足够久，亲眼见到这颗后来以他之名命名的彗星的回归。但是，通过哈雷彗星，万有引力的理论和物理的数学化用光彩夺目的事实，向世人证实了它们令人难以置信的强大力量。

讽刺的是，伽利略在《试金者》一书中，除了发表他对于世界的数学化的看法之外，还支持了"彗星是大气现象"的观点！《试金者》一书，实际上是对曾经在若干年前捍卫过相反观点的数学家奥拉齐奥·格拉西的一个回应。由于伽利略的名声和他在《试金者》一书中言之凿凿的强势态度，让这本书成了当时的畅销书之一，但是，无论名声还是成功都不是真理的必然条件。格拉西真应该对伽利略说："然而，地球是围着太阳转的（E pur si muove）……"

在伽利略犯的这个错误之外，这则小逸事充分说明了在当时，科学的发展正强势地大踏步向前。科学的结论并不先验地取决于做实验的科学家的想法，哪怕这位科学家是伽利略。事实是不容改变的。彗星的真实属性像物理世界中的所有对象一样，不以任何人的意志为转移。在古代，当一位声名在外的学者犯了错，通常情况下，他的一众弟子还是会毫不犹豫地跟随他，权威本身就作为一种论据。即使某个错误的观点只需要一个简单的实验就能被推翻，然而往往几个世纪的时间都无法让人们自愿放弃那些错误的想法。相反，到了伽利略的时代，人们只花了几十年的时间就发现了他的错误，这的确应该算得上是科学环境健康发展的标志！

虽然人们成功地预测了一颗我们已经见过的彗星的路径，但计算一颗我们完全不了解的天体就是另外一回事儿了。说起数学在天文学领域取得的主要成就，我们还必须提到19世纪海王星的发现。太阳系的第八大行星和冥王星是太阳系内仅有的两颗没有经过观测，而是通过纯粹的数学方式推算得出的行星！这一壮举的实现，还要多亏了法国天文学家、数学家奥本·勒维耶。

在18世纪末期，几位天文学家发现了天王星——当时已知的太阳系最外侧的行星——的运行轨道并不规则，天王星并没有严格地遵循人们按照万有引力计算出来的路径运行。面对这种现象只能有两种解释：要么牛顿的理论是错的，要么还存在着另外一些未知的天体对天王星的轨道产生了干扰。从天王星的观测轨迹入手，勒维耶开始计算这颗假定的新行星的位置。他花了整整两年的时间努力演算，最终得出了一个结果。

接下来就是见证奇迹的时刻。1846 年 9 月 23 日和 24 日晚，德国天文学家约翰·格弗里恩·伽勒将望远镜对准了勒维耶计算出来的那个方向，他仔细地在视野中寻找，然后，他发现了它。广袤深邃的夜空中，一个小小的蓝色光点。在距离地球超过 40 亿千米的地方，那颗行星就在那里!

这是一种多么美妙和令人振奋的感觉，这是怎样的一种对宇宙力量的印象，就在那一天，将是怎样一种深不可测的情感占据了勒维耶的全部心灵，因为他，借助等式的力量，在他的笔尖之下，成功地捕捉到了，甚至可以说是几乎掌控了太阳系行星的巨人之舞!通过数学，那些天空中的"怪兽"，那些古老的神祇，突然之间变得温顺、驯服，像乖巧的猫，在代数学的爱抚之下呼噜噜地打呼。人们可以很容易地想象，在海王星被发现之后的几天，整个天文学界将会处于何种兴奋的狂喜状态，直到今天，当每一位天文学爱好者通过望远镜看向海王星的时候，依然能够感受到那种激动的战栗。

任何科学理论的生命都有它自己的阶段。首先，是假设；然后，是犹豫、错误、发展中的建构、朦朦胧胧的理论隐约浮现；紧接着，就是确认理论的阶段，通过实验来验证等式是否成立，坚定地判断，明确地确认或者否决；再然后，就是放飞自我，获得独立和自由。一旦理论获得了足够的信心，敢于对全世界展露出自己的真面目，它就不再需要努力地看着别人的眼睛去说服谁。这时，理论的方程能够走到实验的前面，预测到某个还没有被观测到的、没有被设想过的，甚至是出乎意料的现象。当理论从发现出发来到发现者的身旁，它就成了一位盟友，或者说一位同事、一位人们创造出来的学者。然后，理论终于成熟了，人类迎来了哈雷彗星和海王星。同样，1919 年 5 月 29 日的日食，见证了爱因斯坦广义相对论的胜利；2012 年希格斯玻色子的发现，证实了早先预设中的粒子物理学标准模型；以及，2015 年 9 月 14 日，引力波的存在首次被检测到。

为了"开花结果"并且获得合法性，所有伟大的科学发现都需要数学的帮助，即代数方程和几何图形的帮助。数学已经展现出了它们不可思议的强大力量，在今天，没有任何一条严谨的物理学理论敢用除了数学语言之外的其他语言进行表述。

晶体

世界的数学化同样也动摇了化学领域，现在，我们在化学的世界里也发现了很多熟悉的身影。19 世纪初期，法国矿物学家勒内·茹斯特·阿羽依在观察被摔碎的方解石碎片后，发现原来的方解石分解为多个具有相同几何结构的碎片。这些碎片并不是随机的，它们具有平坦的表面，且全部由特定的角度构成。鉴于这种现象，阿羽依推断，方解石块应该是由大量彼此相似的元素构成的，而且这些元素之间以非常规则的方式装配在一起。具有这种特性的固体被称为"晶体"。换句话说，从微观的角度观察一个晶体，会发现它是由若干个原子或者分子形成的特定图案在各个方向上不断地重复而构成的。

重复的花纹？你有没有想起来什么？这个规律居然与古美索不达米亚人的腰线及古阿拉伯人的密铺惊人得相似！腰线是某个图案在一个方向上的不断重复，而密铺是某个图案在两个方向上的不断重复。因此，为了研究晶体的结构，我们必须使用同样的原则，只是这次是在三维空间之中。美索不达米亚的匠人们发现了7种腰线，阿拉伯艺术家们发现了17种密铺。多亏了代数结构，人们可以模拟出各种可能的晶体结构：尤其是在为数不少的情况下。相同的代数结构能够形成230种3D密铺。举个例子，在最简单的一类密铺中，我们能够发现由立方体、六角棱柱或者截角八面体[1]构成的密铺，如后页图所示。

[1] 正八面体是我们之前已经介绍过的5个柏拉图立体之一。所谓的截角八面体，就是通过切割八面体的尖端获得的立体，好比截角二十面体（或者英式足球）是通过我们对正二十面体的切割得到的一样。

从左到右依次为立方体堆垛、六角棱柱堆垛、截角八面体堆垛，
这些堆垛可以延伸至无限的空间

在每一种堆垛中，这些图形都完美地堆放和相嵌，没有留下任何镂空，形成了一个能够在各个方向上朝着无穷远处延伸的晶体结构。谁曾想到，美索不达米亚的工匠们对于几何学的思考，有朝一日将成为人们对物质性质研究的一个重要组成部分的奠基石呢？

在我们的日常生活中，晶体无处不在。比如我们吃的食盐，就是由多个氯化钠小晶体构成的；当石英被通电的时候，构成石英的晶体会发生非常有规律的振荡，因此石英成为时钟当中不可缺少的一部分。但要注意的是，"晶体"这个词在我们的日常用语当中有时会被滥用。因此，当人们说"水晶杯"的时候，其实并不是指科学意义上的晶体。

如果你想观赏最精彩瑰丽的标本，那就应该去参观矿物展览。巴黎六大（皮埃尔和玛丽·居里大学）的矿物收藏展览应该是全世界最漂亮的。

世界的数学化虽然带来了前所未有的高效率，但是却忽略了一个令人不安的问题。为什么有且只有数学这一门语言，能够如此完美地适合于描述这个世界呢？为了弄清楚这个令人惊讶的问题，让我们回到牛顿的公式。

$$F = G \times \frac{m_1 \times m_2}{d^2}$$

如上所示，万有引力的公式中包括两个乘法、一个除法和一个平方。这种表达方式是如此的简洁，看上去简直像撞了大运！我们知道，并不是所有的数字都可以用简单的数学公式表示的。比如数字 π，还有其他的很多数字都不行。从统计学的角度看，复杂的数字甚至比简单的数字要多得多。如果你在数轴上随机选取一个数字，你有很大机会选中一个带小数点的数，而不是一个整数。这就好比随机选取数字，选中无穷小数的概率比有穷小数的概率大得多；选中一个不能通过任何公式表述的数字的概率，比选中能够通过四则基本运算计算得出的数字的概率大得多。

牛顿的公式甚至还要更神奇，因为万有引力的大小与物体的质量和彼此之间的距离有关。这就不像 π，只是一个简单的常数。然而，不管这两个物体的质量是多少，也不管它们的距离有多远，它们彼此的吸引力始终能够通过这个公式计算得出! 在牛顿确立起这个公式之前, 人们本来可以很合理地推断, 一个力的大小是完全不可能通过数学公式来表述的。即使能, 人们也可能会觉得, 这样一个公式应该包括非常复杂的运算, 而不会仅仅由乘法、除法和乘方运算构成。

所以牛顿的公式居然如此简洁, 简直是天上掉馅饼的好运气! 我们的自然能够如此优雅地使用数学语言和我们交谈, 多么神奇! 数学家们往往会出于对"美感"的欣赏建立一些数学模型, 然而几个世纪之后, 人们却发现这些模型都转化为了具体的物理应用。奇迹的出现并不仅仅在于万有引力。电磁现象、基本粒子的量子机能、时 - 空的相对变形, 所有的这些现象都能够以简洁得令人吃惊的数学语言来表达。

让我们用那个最著名的公式来举例子:$E = mc^2$。这个由爱因斯坦建立的等式, 展示了物体质量与能量之间的等价关系。我们在这里不会具体地展开讨论这个公式, 因为这并不是我们的目的。但是请你想一想: 这个通常被认为是关于我们生存的这个宇宙最迷人、最深刻的原理的代数公式, 仅仅由 5 个符号构成! 这是怎样的神奇啊! 关于这种神奇, 爱因斯坦说过一句著名的话:"宇宙最不可理解之处, 就是它居然是可以被理解的。"也就是说, 能够通过数学被理解。1960 年, 物理学家尤金·维格纳发表了题为《数学在自然科学中不合理的有效性》一文。

所以，最后，面对这些我们认为是由人类自己"创造"出来的抽象对象、数字、图形、数列或者公式，我们是真的了解它们吗？如果数学真的是由人类大脑的思考产生的，为什么它会在我们的头骨之外幽幽地四处游荡？在物理世界中，数学扮演了怎样的角色？它们是真实存在的吗？我们难道不应该认为，在这些真实的幽灵中，存在着一个巨大的幻觉吗？考虑到数学对象可能拥有一种游离于人类思想之外的存在形式，可能会让它们看上去更加真实，虽然它们是纯粹的抽象的产物。然而，如果我们要讨论的是那些完全没有任何物质实体的抽象对象的"存在"，那么"存在"这个动词的意义在于什么呢？

　　读者们，别指望我能够回答你们这些问题哟。

第十四章

无穷小

数学与物理科学之间的紧密合作关系，并不会长时间地停留在某一个特定的方向上。从 17 世纪开始，这两个学科就从未停止过交流思想并且彼此滋养。因为物理学是一门极度依赖公式的学科，每一个新的发现都会提出数学问题，而此时的数学往往还远远落后于物理学的脚步。物理所需要的数学工具此刻是已经存在了呢，还是依然等待被创造出来呢？在后一种情况下，数学家们将面临测量和雕琢新理论的挑战，他们将在物理科学中找到最美丽的那一位缪斯。

牛顿万有引力理论的发展正是第一批需要数学创新的物理课题之一。为了更深入地理解这一点，让我们前往哈雷彗星的彗尾去看一看。我们已经知道了，因为太阳的引力作用，哈雷彗星围绕着太阳做周期运动，但是，从这个事实出发，我们要如何演绎它的运行轨迹和获得有用的信息呢？比如它在某一个给定日期时所处的位置，或者其公转周期的确切时间。

一个有待回答的经典问题是运行距离与速度之间的关系。如果我告诉你们，哈雷彗星在太空中的飞行速度是每秒钟 2000 米，现在求哈雷彗星一分钟内飞行过的距离，答案是非常简单的。一分钟之内，哈雷彗星飞过了 60 个 2000 米，也就是 120 000 米，即 120 千米。可是，在现实中，问题往往更加复杂。哈雷彗星的速度并不是恒定的，而是会随着时间的推移发生变化。当它在远日点，也就是距离太阳最远的地方的时候，其速度为每秒钟 800 米，而在近日点（距离太阳最近的地方），其速度高达每秒钟 50 000 米！差距如此之大！

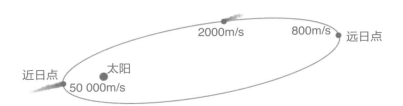

而令人感到最难办的是，在远日点至近日点这两个极端中间，哈雷彗星是逐渐加速的，它永远不会保持一个恒定的

速度。比如说，在中间的某一个时刻，哈雷彗星的运行速度达到每秒钟 2000 千米，但是这种状态并不是持续的。一秒钟之前，它的运行速度可能是每秒钟 2000.001 米，而一秒钟之后，它的速度又变成了每秒钟 1999.999 米。我们无法找到一个最小时间差——哪怕是极其短暂的时间差，使得哈雷彗星在这段时间内的运行速度是恒定的！那么，在这种情况下，如何精确地计算彗星运行过的距离？

为了回答这个问题，数学家们将使用一种"旧"方法，与 2000 多年以前阿基米德为了计算 π 值时使用过的方法特别类似。正如这位锡拉库萨的学者使用边数越来越多的正多边形来逼近圆周，我们也能够通过考虑"彗星在越来越短的时间间隔中，其运行速度的阶段性改变"来研究彗星的轨迹。比如，我们可以设想，哈雷彗星在某一段时间内会保持恒定的每秒钟 800 米的速度，然后在下一段的时间内速度骤升，保持恒定的每秒钟 900 米的速度，以此类推。在这种情况下计算出的彗星轨迹并不精确，但可以认为它是一种近似值。为了提高精确度，我们只需要继续细分时间间隔就可以了。之前我们考虑的速度差是每秒钟 100 米，现在可以把这个速度差缩减为每秒 10 米、每秒 1 米甚至每秒 0.1 米。我们对于速度变化的切割越精细，其结果就越接近彗星运行的真实情况！

对于从远日点到近日点的这段距离，算出一系列近似值，会形成如以下所示的数列：

47　42　40　39　38.6　38.52　38.46　38.453……

这些数字的单位为天文单位[1]。换句话说，如果我们考虑彗星的速度保持在固定的每秒100米的增量，那么其运行轨道的远日点和近日点之间的距离等于47个天文单位。这仍然只是一个粗略的估计值。如果我们进一步细化和精确，考虑每秒10米的增量，会发现这条轨道的长度变成了42个天文单位。当我们对速度差的切割越来越精细的时候，很明显，算出来的轨道长度值形成了一个数列，并且趋向于一个极限值，大约等于38.45。于是，这个极限值就对应了现实中哈雷彗星在远日点到近日点之间真实运行的距离。

在某种程度上，我们可以放心大胆地宣称，这个极限值来自于根据无限短的时间间隔，对彗星的运行轨迹进行无限次的切割的结果。同样，我们也可以说，阿基米德计算 π 值的方法，相当于认定一个圆周等于一个具有无数条边的、边长无限短的正多边形！在这两种说法的背后，我们发现了"无穷"的概念。从芝诺悖论开始，我们就知道了"无穷"是一个含糊暧昧且具有颠覆性的概念，"无穷"将我们推到了悖论深渊的边缘，让我们陷入了危险的平衡之中。

面对"无穷"，我们有两个选择：要么断然拒绝任何与"无

---

[1] 天文单位对应地球和太阳之间的距离，近似值大约为 1.5 亿千米。

穷"有关的干扰，只通过不辞辛劳地计算近似值数列的极限值来研究牛顿物理的问题；要么鼓起勇气，小心谨慎地进入这片名为"无限细致的细分"的沼泽。在《自然哲学的数学原理》一书中，牛顿选择了第二条道路。紧随着牛顿的脚步，德国数学家戈特弗里德·威廉·莱布尼茨也独立地发现了同样的思想，并且他还发展出了更精确的概念，厘清了在牛顿那里尚不太清楚的问题。通过牛顿和莱布尼茨的探索，一门新的数学分支诞生了，它就是"微积分"。

关于微积分的"著作权"问题，牛顿和莱布尼茨打了好几年口水官司。如果正如牛顿自己所说，他才是"微积分第一人"——因为他从 1669 年起就开始研究这个问题，可惜的是，他在发表成果方面晚了一步，莱布尼茨已经抢先在 1684 年发表了自己对于微积分的研究，比《自然哲学的数学原理》足足早了 3 年。因为这些时间差的存在，这两位分别来自英国和德国的学者你来我往地吵了好久，都认为自己才是微积分的发明者，并且严肃地指控对方抄袭。然而，在今天看来，这两位学者对于彼此的研究都不知情，应该算是各自独立地发明了微积分。

如同人们常见的那样，一个理论在刚刚被建立起来的时刻往往是不完善的。在牛顿和莱布尼茨的研究中，还缺少很多关于严谨性和论述的关键点。这有点儿像人们刚发现虚数时的情况一样，有一些方法很有用，而另外一些方法却不管用，可是没有人能够解释为什么。

于是，微积分的目标就变成了："通过标记有效的过境点，来绘制一张未知大陆的地图，哪怕这些'过境点'偶尔会事与愿违，带领人们走向死胡同和悖论深渊。"1748年，意大利数学家玛丽亚·加埃塔纳·阿涅西出版了《分析讲义》(*Instituzioni Analitiche*)，算是对于微积分这门年轻的学科做的首次整理完善。一个世纪以后，德国的数学家波恩哈德·黎曼完成了最后的"查漏补缺"，从此，名为"微积分"的新大陆再无"危险"可言。

从此，数学家们能够放心大胆地自由使用微积分，并且开始提出大量的、远远超出了来自物理学应用范围之外的问题。因为，微积分不仅仅是一个单纯的工具，它还展现了论证的乐趣和令人不可思议的美感。科学好比一场永无止境的乒乓球比赛，所有的新发现都将逐渐地进入其他领域的新应用当中，比如天文学领域。

"无穷小"的概念，将会被运用到所有涉及连续变量的运算中，比如彗星的运行轨迹。在气象学领域，"无穷小"用来建模和预测温度或者大气压的变化；在海洋学领域，"无穷小"用来检测洋流；在空气动力学领域，"无穷小"用来控制飞行器或者各种航天器的机翼的空气渗透；在地质学领域，"无穷小"用来监测地球的地幔演化，研究火山、地震，以及从长远的角度看——大陆漂移。

在探索的过程中，数学家们在无穷小的世界中发现了大量奇怪的结果，其中有一些结果让他们陷入了极度的困惑之中。

比如，当我们试图定义一个无穷小的区间时，首先冒出来的想法之一可能是：无穷小区间应该就是点吧。欧几里得已经说得很清楚了，点是最小的几何元素。一个点的长度等于 0，这显然是无穷小的。可惜这个想法虽然看上去很显然，却是一个大大的陷阱。为了理解其中的原因，让我们来看一看以下这条长度为 1 个单位的线段。

1

这条线段由无数个点构成，每一个点的长度都等于 0。因此，似乎可以说，这条线段的长度等于 0 的无穷倍！用代数学的语言写出来，就是 $\infty \times 0 = 1$，∞ 是无穷的符号。这个结论的问题在于，如果我们再考虑一条长度为 2 个单位的线段，它也是由无数个点构成的，于是这次我们得到了等式：$\infty \times 0 = 2$。同一种运算，为什么会出现两个完全不同的结果呢？而且，通过改变我们选取的线段的长度，我们可以得到 ∞ 乘以 0 等于 3、等于 1000，甚至等于 π！

通过以上的实验，我们必须得出这样一个结论：在这种情况下，"零"和"无穷"的概念并没有被足够缜密地定义，以至于我们不能随心所欲地使用它们。如果一个计算得到的结果随着其解读方法的变化而变化，正如$\infty \times 0$，我们就称其为"未定式"。我们没有办法在代数计算中使用这些未定式，因为它们会带来成千上万的矛盾！如果我们允许使用乘法运算$\infty \times 0$，那就必须承认1等于2，以及其他的各种荒唐事儿。总而言之，我们必须不能这样做。

让我们再试一次，既然"无穷小的区间"不能是一个单独的点，那么它可能是一个由两个不同的点定义的区间，且这两个点之间无限接近。理想很丰满，但是再一次地，现实很骨感，因为这样的点根本不存在。任意两点之间的距离的确是可以如我们所愿地小，但是它始终还是一个值为正的长度。1厘米、1毫米、1纳米，或者甚至是我们能想象出来的更小的数值，这些长度值当然是很小的，但是却无论如何不能算是无穷小的。换句话说，两个不同的点永远不可能相遇。

这种说法隐藏着一些让人很不安的东西。当我们画一条连续的线的时候，比如一条线段，这条线段上并没有任何的"孔洞"，然而，构成这条线段的所有点彼此都不接触！该线段上没有任何一点和另外一个点直接接触。这条线段上之所以没有"孔洞"，只是因为它是无穷个无穷小的点的累积。如果我们用坐标来表示这条线上的点，同样的现象可以用代数语言来描述：任意两个不同的数字永远不可能直接挨着，因为在这两个数字之间，总是有无数个其他的数字。在数字1

和 2 中间，有 1.5；在数字 1 和 1.1 之间，有 1.05；在 1 和 1.0001 之间，还有 1.000 05。这样的例子可以永远举下去。数字 1 和所有其他的数字一样，并不存在一个和它直接接触的数字。然而，在数字 1 周围，存在着无穷多个数字，保证了线段长度的无间断连续性。

经过两次失败的尝试之后，我们必须得承认，那些按照过去的想法所定义的"经典数字"还不够"强大"，不足以应付无穷小的数量的问题。这些令人难以捉摸的奇怪"家伙"，数值并不等于零，然而却比人类能够创造出来的所有正数数值都要小！这就是莱布尼茨和那些追随他脚步的学者在创建关于无穷小的计算的过程中，制造出来的"奇怪家伙"。3 个多世纪以来，他们一直努力定义能够适应这种新数值的运算规则，并且限定其应用范围。于是，从 17 世纪到 20 世纪，他们创造了一座定理的宝库，能够用极高的效率出色地解决无穷小的问题。

我们能否将一些并不真正存在的数字用在计算的中间过程中呢？从此时起，情况变得很清楚了。负数和虚数也都曾经面对并跨过了同样一道鸿沟。但是一如既往地，这个过程十分漫长，而且结果难以预料。20 世纪 60 年代，美国数学家亚伯拉罕·鲁宾逊首创了一个新的模型，即所谓的"非标准分析"，将无穷小看成一种数字，整合到数字大家庭当中。然而，与虚数不同的是，直到 21 世纪初期，无穷小的数量依然没有真正地获得"实数"这一称号。鲁宾逊的非标准分析模型依然很边缘，而且很少被使用。

在未来，或许还有一些发现、演变和定理等待我们去寻找，到那个时候，非标准理论将会成为不可回避的重要议题。又也许，情况会恰恰相反，它永远也不会成为一个主流的模型，"无穷小数"将永远没有机会和它们杰出的前辈们——负数、虚数——平起平坐。当然，非标准分析模型是很美的，但或许还不够美，也没有足够的"好处"去激发大多数人的热情。无论如何，鲁宾逊的模型才诞生短短几十年，还很年轻，它的命运将由未来的数学家们决定。

在微积分所有的、硕果累累的发展中，法国数学家亨利·勒贝格在 20 世纪初期设想的"测度理论"是最奇怪的分支。问题是这样的：我们是否能够通过无限小数，设想和测量出新的、无法通过尺规作图得到的几何图形？答案是肯定的，而且，在若干年之后，这些新颖的图形将直接撼动经典几何学最直观、最基础的规则。

举个例子，让我们取一条带刻度的线段，区间为从 1 到 10。

通过笛卡尔坐标，我们知道这种刻度能够将线段中的每一个点和一个位于 0 到 10 之间的数字对应起来。在这条线段上，我们能找到那些对应小数点后数位有限的数字（比如 0.1 和 7.8）的点，还能找到那些在十进制计数系统中，小数点后具有无穷位的数字（比如圆周率 π 和黄金分割率 φ）所对应的点。如果我们按照这种标准来切割这条线段，会发生什么事？换句话说，如果我们用深色标注第一类的点，用浅色标注第二类的点，会出现怎样的两种几何图形，明与暗将会以怎样的形式呈现出来？

这个问题并不容易回答，因为这两种类型的数字无限紧密地纠结在一起。如果你取一个数字区间，不管这个区间有多小，它总是会同时包含一些深色的点和一些浅色的点。在两个浅色的点之间，至少存在一个深色的点，而在两个深色的点之间，也至少存在一个浅色的点。所以，由深色和浅色构成的图像，好像是一系列尘埃一般无限细小的线段，彼此完美地镶嵌成为一个整体。

线段 $[0,10]$ 被分成两个部分：左侧由有穷小数构成，右侧由无穷小数构成

如上图所示的表述当然是错误的。这只不过是一个粗略

的可视化展现，因为虽然图中可见的细节看上去都非常小，但实际上它们并不是无限小的。人们根本不可能正确地绘制出这样的图形，只能通过代数和推理的方式去理解它们。

于是，问题来了：如何测量这些图形呢？我们已经知道，初始的线段长度为 10，所以这两个图形的长度之和应该等于10，可是它们分别长多少呢？它们是各自长度为 5 呢，还是一个比另外一个长呢？数学家们发现的答案是惊人的。所有的长度都被由无限小数构成的图形"分走"了。所以浅色的图形长度为 10，深色的图形长度为 0。虽然这两种数字在彼此纠缠的时候看上去不分伯仲，然而浅色的点比深色的点多出无穷个！

借助笛卡尔坐标系，这种"粉状"的图形也能够推广到二维平面和三维立体空间中。我们用一个正方形来举例，正方形中所有的点都有对应的坐标，在整个平面内坐标的数量是无限的。

再一次地，这张图只是一个粗略的表示，只不过是为了给出一个关于细节的无限精度的大致概念。

对于这些"粉末"的测量，将发现史上最惊人的数学成果之一。因为，尽管数学家们费了九牛二虎之力试图解决这个问题，有一些图形依然是无法测量的。这种"不可能"是在1924 年由斯特凡·巴拿赫和阿尔弗雷德·塔斯基提出的，他们在拼图的原则中发现了一个反例。

他们发现了一种切割球体的方式，将一个球切成相同的5 个部分，然而，这 5 个球却能够最终合成两个和初始的球体完全一样的球，并且毫无空隙孔洞！

如上图所示，位于中间阶段的 5 个图形，正是两位数学家使用"无穷小切割"的方法获得的"粉末状"图形。如果巴拿赫 - 塔斯基的拼图碎片是可测量的，那么它们的体积之和将等于原始球体的体积，同时也等于它们后来形成的两个球体体积之和。而这是不可能的，于是我们只能得出一个结论："体积"的概念对于这些图形来说，是没有意义的。

实际上，巴拿赫和塔斯基得到的结论要宽泛得多，他们证明了，在经典几何学中任取两个三维的几何图形，我们总是能够将第一个图形切割成若干"粉状"碎片，然后将这些碎片重构为第二个图形。比如说，我们能够将一颗豌豆大小的小球切成若干碎片，然后用这些碎片重构出一个太阳那么大的球体，且中间不留下任何的空隙孔洞! 这种切割方式常常被错误地称作"巴拿赫－塔斯基悖论"，因为它看上去实在是有违常理和直觉。然而，这并不是一个悖论，而是一个真真正正的定理——"粉状"图形使其成为可能，而且在论证的过程当中，我们并没有遇到任何的矛盾!

当然了，这些切割具有的无穷小属性使得它们在现实生活中完全没有任何可操作性。到目前为止，这些"粉状"图形还被封存在数学家们的"神奇橱柜"里，没有任何的物理学应用需要用到它们。但谁知道在未来的某一天，它们会不会有意想不到的用处呢？

第十五章

测算未来

马赛市，2012 年 6 月 8 日。

这天早上，我在黎明时分起身。我有些紧张，但是急不可耐。我狼吞虎咽地吃下了早餐，穿上最漂亮的衬衫[1]，然后离开家门。外面，太阳在普罗旺斯的天空中舒展身躯，夜晚的清凉迅速褪去。在马赛老港，鱼市已经开张，一些早起的游客开始在麻田街漫步。

但是，今天我没有时间闲庭信步。我进了地铁，列车带着我向城市北部驶去，开往龚贝尔城堡区的方向。那里是数学与计算机中心（CMI）的所在地，我工作了 4 年的地方。每

---

[1] 实际上我也只有这么一件衬衫。

一天，都有上百位数学家在这里工作。在到达办公室之前，我最后一次检查了我的"设备"。三只大号的半球形容器，里面装满了五颜六色的彩球，旁边还有一堆讲义，封面上印着：

《翯相互作用》

博士论文答辩

数学专业

答辩人：米卡埃尔·洛奈

论文指导：弗拉达·里米克

今天，是我在 CMI 的最后一天。下午 2 点钟，我就要进行博士论文答辩了。

对于一位科研工作者来说，撰写博士论文的那几年应该算得上是一段与众不同的岁月。博士生没有课要上，也没有考试要参加，只是年复一年地研究学术论文。实际上，我们的生活更像全职研究员。阅读最新发表的论文，与其他的数学家讨论，参加学术研讨会，然后努力地推动自己的领域前行，发表推测、塑造新的定理、证明它们，最后记录下来。所有的这一切，都在某一位引导我们在研究领域内踏出第一步的数学导师的指挥之下进行，他（她）教会了我们如何为自己的职业生涯添砖加瓦。对我来说，我的论文导师是一位法籍克罗地亚裔女性数学家弗拉达·里米克，她是我耗费 4 年时间从事的这个研究领域中的专家。她和我的研究都可以被归纳到一门诞生于 17 世纪中叶的数学分支之中，那就是概率学。

为了理解这门学科的重要性，我们必须要再次抽身回到历史深处。好了，距离下午 2 点钟的答辩还有一些时间，我们先离开 CMI 一会儿，让我带着你们踏上一段"随机"的冒险之旅。

长久以来，"随机"的问题就令人着迷。从史前时代起，原始人就观察到了一系列不能够解释、不符合常理的现象，这些现象没有什么明显的原因，纯粹是来自大自然的"馈赠"。在最初，人们找不到什么更好的解释，于是他们归咎于神灵。日食、彩虹、地震、瘟疫、洪水或者彗星都被视为来自上天的神圣消息，只有那些能够与上天"对话"的"专业人士"才能解读。于是，这个任务往往被交给巫师、神使、祭司或者其他的萨满，这些人会在大众面前做一场全套的仪式（这就是他们谋生的手段），用来质问神灵，因为他们不再想等待让这些随机事件自己出现。换句话说，古代的人们已经开始想方设法地自己创造出"随机"效果。

"孛罗芒西"（La bélomancie），或者称之为"箭卜术"，就是非常古老的例子之一。对于想要问神的问题，将可能的各种答案写在箭身之上，然后把这些箭放在箭筒之中，摇晃箭筒并且随机抽取出一根：这就是神的回答。举例来说，公元前 6 世纪，古巴比伦国王尼布甲尼撒二世就是用这种方法选择他的敌人，进而发动战争。除了箭之外，人们用来抽签的物品简直多种多样：小石头、黏土片、小木棍或者彩色球。古罗马人给这些物品起了个名字叫"离者"（sors），法语中"抽签"（tirer au sort）一词的字面意思就是"抽出离者"。类似的还有"巫术"（sortilège）一词，这个词的原意有两个——质问神灵或者来自神灵的审判。

慢慢地，"抽签随机"的机制流传开来，在很多的应用中都能发现它们的身影。一些政治系统曾经使用过它们，比如在古代的雅典，人们用这种方法选出参加众议院五百人会议的市民，又比如，在几个世纪之后的威尼斯，人们把这种方法用在了总督任命的程序之中。"随机"同样也是游戏创作者们的重要灵感来源。人们利用它发明了猜硬币正反面游戏、带编号的色子（当然还借助了柏拉图立体的外形），甚至卡牌游戏。

正是这种能够"传递神的旨意"的随机游戏，最终吸引了一些数学家的注意力。这些数学家开始有了"玩儿转命运测量器"的奇怪想法，通过逻辑和运算，他们研究了未来将会发生的事情的概率。

所有这一切都始于 17 世纪中叶巴黎科学会——法国科学院的前身——的一次会议。巴黎科学会创建于 1635 年，创始人是数学家、哲学家马林·梅森。会上，来自不同学科背景的学者们共同探讨学术问题，作家、业余的数学爱好者安托万·贡博向所有与会者提出了一个他自己构思的问题。他说，试想一下，有两个玩家在玩儿随机游戏并且押了钱，先赢得 3 局者胜出，当玩儿到 2 : 1 的时候，游戏被中断了，试问这两位玩家该如何分割赌桌上的赌注？

在当日与会的所有科学家中，有两个法国学者对这个问题产生了特别的兴趣，他们是皮埃尔·德·费马和布莱兹·帕斯卡。在几封书信往来之后，这两位学者最终得出的结论是，第一位玩家应该获得四分之三的赌注，第二位玩家应该获得四分之一的赌注。

为了得出这一结论，两位学者演绎了假设游戏没有被中断的、各种可能发生的场景，然后估算了玩家 1 和玩家 2 各自的获胜概率。于是，在假想的"下一轮"游戏中，玩家 1 有 50% 的概率获胜，而玩家 2 也有 50% 的概率获胜。在这种情况下，两位玩家就需要再来一轮，而这一轮当中，两位玩家的获胜概率依然是相等的，也就是说，两位玩家分别获胜的场景都有 25% 的概率会发生。所有关于这个游戏"未来"的可能走向，可以用下页的图表来表示。

总之，我们可以看到，在未来，玩家 1 有 75% 的概率获胜，而玩家 2 只有 25% 的概率获胜。于是，帕斯卡和费马一致认为，两者应该按照同样的比例分割赌注：玩家 1 拿 75%，玩家 2 拿 25%。

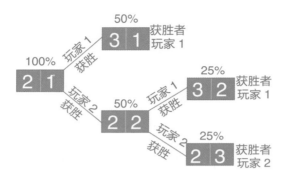

　　两位法国学者的推论过程可以说非常富有成效，大部分博弈游戏（概率游戏）都能够用这种方法来检验。瑞士数学家雅各布·伯努利是第一批紧跟帕斯卡和费马脚步的学者之一，他在 17 世纪尾声的时候撰写了《猜度术》（*Ars Conjectandi*）一书，这本书在 1713 年伯努利死后出版。在这本书中，伯努利分析了经典博弈游戏，并且首度提出了概率论中的基本原则之一：大数定律。

　　这条定律确认了，在随机试验中，我们重复的次数越多，结果的平均值就越明显，并且趋近于一个极限值。换句话说，从长期来看，即使是最复杂的随机，最终都会产生一个平均行为，因此，所谓的"随机"也就不再存在了。

　　为了理解这个现象，我们倒是不必离题太远，只需要一个简单的"猜硬币正反面"游戏就能感受到大数定律的存在。假设我们投掷一枚硬币，正反面均匀，每一面都有 50% 的概率朝上，可以用以下直方图来表示。

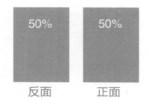

现在，假设你连续投掷硬币两次，并且记录正面和背面朝上的次数。有三种可能：两次都是反面，或者两次都是正面，或者一次正面一次反面。人们很容易认为这三种情况发生的概率是相同的，但事实却并非如此。实际上，出现一正一反的可能性为50%，而出现两次正面或者两次反面的概率都只有25%。

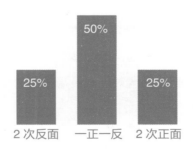

这种"不平衡"的结果，实际上是由于"两次不同的随机过程可能产生同样的最终结果"所导致的。当我们连续投

掷两次硬币的时候，实际上会产生以下四种情况：反—反，反—正，正—反和正—正。反—正和正—反两种情况产生的是同一种结果，即一正一反，这就解释了为什么一正一反出现的概率是其他情况的两倍。类似地，玩家们都会知道，如果我们同时投掷两枚色子，它们的点数和等于 7 的概率要远远高于等于 12 的概率，因为等于 7 的情况有很多种（1 + 6, 2 + 5, 3 + 4, 4 + 3, 5 + 2 和 6 + 1），而等于 12 的情况只有一种（6 + 6）。

我们投掷的次数越多，这个现象就越明显。最初出现机会均等的那些场景逐渐地产生区隔，一些成了极少数，一些成了普遍情况。如果你连续投掷 10 次硬币，会有大约 66% 的概率得到 4 ～ 6 次反面；如果你连续投掷 100 次硬币，有 96% 的概率会得到 40 ～ 60 次反面；如果你连续投掷 1000 次硬币，有 99.999 999 98% 的概率会得到 400 ～ 600 次反面。

如果我们分别画出投掷 10 次、100 次和 1000 次的直方图，就可以看到，逐渐地，绝大多数"未来的可能"围绕着中心轴收紧，以至于那些对应着极端情况的矩形，我们的肉眼已经看不见了。

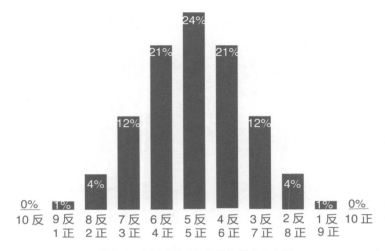

投掷 10 次硬币时可能情景的概率直方图

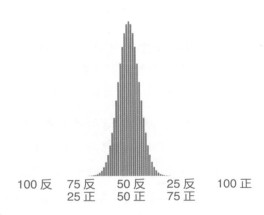

投掷 100 次硬币时可能情景的概率直方图

1000 反　　750 反　　500 反　　250 反　　1000 正
　　　　　　250 正　　500 正　　750 正

投掷 1000 次硬币时可能情景的概率直方图

　　总之，正如大数定律所断言的那样：无限次地重复某个随机试验，最终的平均结果必然不再是随机的，而是无限接近一个极限值。

　　这一原则是测验调查和其他数据统计的操作基础。在某一人群中，选择 1000 人，问他们更喜欢黑巧克力还是牛奶巧克力。如果 600 人回答黑巧克力，400 人回答牛奶巧克力，则很有可能在整个群体中——哪怕这个群体总数有几百万人——比例仍然是一样的，60% 的人喜欢黑巧克力，40% 的人喜欢牛奶巧克力。调查某个随机抽取的人的口味可以被认为是一个和扔硬币猜正反面游戏相同的随机实验，只是我们的选项从正面和反面换成了黑巧克力和牛奶巧克力。

　　当然了，我们可能运气不好，正好抽到了 1000 个人全都更喜欢黑巧克力，或者 1000 个人全都更喜欢牛奶巧克力。但是这种极端情况发生的概率也是极端小的，因为大数定律向我们保证了，只要随机抽取的样本足够大，所获得的结果就有非常大的可能会接近整个人口的平均值。

进一步考察多种场景和它们在未来可能发生的概率，我们还可以建立一个置信区间，并且评估错误的风险。比如，我们可以说，有95%的可能会出现如下情况，即这个人群中喜欢黑巧克力的人数比例在57%～63%之间。实际上，任何缜密的调查研究都应该总是能获得这些可以显示其精确度和可靠性的数字。

帕斯卡三角形

1654年，布莱兹·帕斯卡出版了《论算术三角》一书。他在书中描述了一个三角形形状的"容器"，里面装满了小球，球上写满了数字。

图中的三角形只有 7 行数字，不过这个三角形可以无穷无尽地向下展开。三角形中，小球上面的数字大小由两个规则决定。首先，位于三角形边缘的所有小球，数值都是 1；其次，位于三角形内部的小球，每个小球的数值等于上面一行中挨着这个小球的两个数值之和。比如，第 5 行中的数字 6，就是上面一行中两个 3 相加的结果。

实际上，早在帕斯卡之前很久，人们就已经知道这个三角形了。古代波斯的数学家卡拉吉和欧玛尔·海亚姆早在公元 11 世纪的时候就描述过这个三角形。在同一时期，中国北宋的数学家贾宪也在研究这个三角形，其成果被 13 世纪的南宋数学家杨辉引用并发扬光大。在欧洲，塔尔塔利亚和韦达也对这个三角形有所了解。然而，帕斯卡是第一位将其书写成文，并进行详细和完整论述的数学家，而且他也是第一位发现在这个三角形和计算未来概率之间存在着一种紧密联系的学者。

实际上，帕斯卡三角形的每一行，都能够计算出一系列的、具有两种可能性的事件——比如正面和反面——的可能场景出现的数量。比如，假设你连续投掷一枚硬币 3 次，会得到 8 种可能性：反—反—反，反—反—正，反—正—反，反—正—正，正—反—反，正—反—正，正—正—反和正—正—正。经过进一步的整理，我们发现这 8 种可能性可以分为 4 类：

- 场景甲 1 次：3 次反面；
- 场景乙 3 次：2 次反面和 1 次正面；
- 场景丙 3 次：1 次反面和 2 次正面；
- 场景丁 1 次：3 次正面。

于是我们得到了这串数字：1—3—3—1，恰好对应帕斯卡三角形的第 4 行。这并不是一个巧合，而帕斯卡要证明的也正是这一点。

举个例子，让我们看一下帕斯卡三角形的第 6 行，可以看出，如果我们连续投掷 5 次硬币，会出现 10 次"2 反 3 正"的场景。让我们沿着三角形继续往下，可以很容易地数出来当我们连续投掷 10 次硬币时的场景数量：它们都清楚地展示在第 11 行。连续投掷 100 次的结果出现在 101 行，以此类推。同样，多亏了帕斯卡三角形，我们前文展示的那些直方图可以很容易地画出来。因为如果不这样做，未来的数字将会变得超乎想象得大，我们很快就不可能将它们一一列举出来了。

除了概率领域，帕斯卡三角形还揭示了很多其他数学领域中存在的关系。比如，帕斯卡三角形在通过代数运算求解某些方程的过程中起了很大的作用。我们还能在帕斯卡三角形中找到不少"知名"数列，比如某一条对角线上的数字构成了"三角形数"（1，3，6，10……），或者在帕斯卡三角形上画一系列倾斜且等距的平行线，将每条线上的数字相加，能够得到斐波那契数列（1，1，2，3，5，8……）。

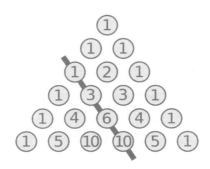

帕斯卡三角形中的"三角形数"数列

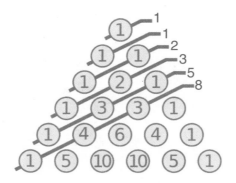

帕斯卡三角形中的斐波那契数列

在接下来的几个世纪中，概率论衍生出越来越精细和越来越强大的数学工具，用来分析各种可能的未来。不久之后，概率论将会和微积分紧密结合，并且产生丰硕的成果。的确，许多随机现象在未来的情况，可以用无穷小的变化来描述。比如，在一个气象模型中，温度连续地变化。正如对于一条具有一定长度的线段来说，其上的点并不具有与该线段同样的长度一样；对于未来会发生的一些事件来说，可能其中任何一种独立的情况都不会单独发生。在一周之内，气温为 23.41℃ 或者其他任何一个精确度数的概率都等于零。然而，对于整体的概率来说，即温度会在 0℃ 到 40℃ 之间的概率则是非常肯定的！

概率论带来的另外一个挑战是：理解随机系统能够自我修正的行为。一枚硬币无论投掷 1 次还是 1000 次依然是一枚硬币，然而在现实中有很多情况却没有这么简单。1930 年，匈牙利数学家乔治·波利亚发表了一篇论文，在文中他试图理解瘟疫在一个群体中的传播。这个模型的微妙之处在于，当一大群人已经被感染的时候，瘟疫传播的速度会更快。

如果你身边已经有很多生病的人，那么你有很大的概率也会被传染。而当你生病的时候，又会增加身边人的感染概率。总而言之，这个过程在自我增殖，感染的概率在不断地变化。这就是所谓的"强化概率"。

概率强化的过程有很多不同的变体，也有多种应用，最有创造性的想法就是它们在人口动态上的应用。举例来说，选取一个动物种群，观察某一种生物或者遗传特征在代际关系中的演化。设想一下，在这个群体中，60%的个体有黑色的眼睛，40%的个体有蓝色的眼睛。于是，根据遗传性，新生的个体是黑眼睛的概率为60%，是蓝眼睛的概率为40%。于是，在这个种群中，眼睛颜色的演化过程就有点儿类似于人群中瘟疫的传播：某种颜色的个体越多，在新生个体中出现这种颜色的概率也就越大，于是该颜色所占的比例就越高。这个过程在自我增殖。

因此，通过对波利亚模型的研究，我们能够估算物种的不同生物特征的演化概率。其中有一些特征可能会最终消失；还有一些特征则相反，它们可能会在种群中成为必然；另外一些特征则会达到一种中间态的平衡，它们出现的概率在代际的传递中只会发生一些微小的变化。我们不可能知道在未来将会发生的是哪种场景，但是，如同扔硬币游戏一样，概率论能够让我们确认多数情况下的未来，并且预测出从长期来看最有可能的发展。

乔治·波利亚在1985年去世的时候，我刚刚一周岁。因此，我勉强可以说我和他是"同一代人"——虽然我们共同在世也不过几个月的时间。而波利亚创造的理论，将成为我未来的研究对象，并且我还将从其中发现好几条定理。

忽略细节不谈，我的博士论文是关于若干个意外的相互作用的概率强化过程的演化研究。举例来说，设想一下，同一个物种的若干个种群在一片土地上分散而居，但是这些种群之间还时不时地会有一些个体的"移居"行为。这些种群的未来走势如何？如何计算各种情况的概率？我的研究主要就是要回答这些问题。

哦，当然啦，我发现的那些定理实在是太微不足道了，在这本"大咖云集"的数学史中，敢于提起自己的研究，我简直是吃了熊心豹子胆。我相信，即使我在 4 年的博士生涯中已经勤勤恳恳、老老实实并且十分得体地完成了自己的研究，但我的研究成果比起那些比我聪明得多的数学家们所取得的成就，依然是不值一提的。不过，无论如何，我的论文还是足够说服博士论文答辩委员会，在 2012 年 6 月 8 日这天，正式授予我博士学位。

通过博士学位授予的仪式，能够正式地进入这场不可思议的历史洪流中，还是让我很受感动的。"博士"（docteur）这个词来自拉丁语 docere，意思是"教导"。因此，博士指的是那些对自己所在的领域足够熟悉，能够传授给他人的人。从中世纪末期起，高等教育学府——古代亚历山大博物馆和古巴格达智慧之家的现代继承者们——开始授予博士学位，并且给他们的研究和科学教育提供一个稳定持久的制度框架。

科学触发了一场耗时弥久、影响巨大的运动，这场运动经历了一个又一个世纪，研究者、教员、学生一代代薪火相传，似乎是一种永恒的轮回。有趣的是，因为这场"运动"，我们能够追溯自己的"学术老祖宗"。我的博士论文导师是弗拉达·里米克，而她的导师则是英国概率论学家大卫·J·奥尔德斯。于是我们可以一直往上追溯。通过"从学生到老师"的追溯过程，我们还可以画出一位数学家完整的"学术家族树"。后页图正是我往前追溯了20多代，一直到16世纪的结果。

于是，我最遥远的"祖先"是意大利数学家塔尔塔利亚，我在前文已经介绍过他的故事了。可惜，我们无法再继续向上追溯了，因为这位意大利学者完全是自学成才。他来自一个贫民家庭，有传言甚至声称，年轻的塔尔塔利亚不得不去学校偷窃课本，才完成了自学数学的过程。

在这株"家族树"中，我们发现了伽利略和牛顿的名字，他们是谁显然无须赘述。在一个角落里，你还能看见马林·梅森的名字，正是他创建了巴黎科学会——概率论的发源地。梅森的学生吉勒斯·P·德·罗贝瓦尔是等臂双盘案秤（磅秤）的发明者，因此磅秤以他的名字命名。再远一点，乔治·达尔文是进化论之父查尔斯·达尔文的儿子。

在这株"家族树"中看见这么多金光闪闪的大咖其实也没有什么大不了的，毕竟，大部分数学家沿着自己的"学术家族树"一直追溯上去，总会遇到几个了不起的伟大人物。另外，我还必须要指出的是，这株"学术家族树"只画出了我的"直

米卡埃尔·洛奈

弗拉达·里米克

大卫·J·奥尔德斯

大卫·J·H·加尔林

弗兰克·史密斯

戈弗雷·H·哈迪

埃德蒙·T·惠特克　　奥古斯塔斯·E·H·乐甫

安德鲁·R·福赛斯　　乔治·H·达尔文

阿瑟·凯利　　爱德华·J·劳思

威廉·霍普金斯　　艾萨克·托德亨特

亚当·塞奇威克

托马斯·琼斯　　约翰·道森

约翰·克兰克　托马斯·波斯　爱德华·华林　亨利·布拉肯
　　　　　尔思韦特

斯蒂芬·惠森

沃尔特·泰勒

罗伯特·史密斯

罗杰·柯特斯

艾萨克·牛顿

艾萨克·巴罗　　本杰明·普林

吉勒斯·P·德·罗贝瓦尔　温琴佐·维维亚尼

马林·梅森　　埃万杰利斯塔·托里拆利

贝尼迪托·卡斯泰利

伽利略·伽利莱

奥斯提里欧·里奇

尼科洛·F·塔尔塔利亚

系祖先",而没有记录我那一大堆的"表兄弟们"。在当今,塔尔塔利亚的后代已经有 1.3 万多人,而且这个数字还在逐年上升。

第十六章

计算器时代
的到来

　　巴黎的工艺博物馆地铁站是全市最奇怪的地铁站，来到这里的游客会突然发现自己仿佛进入了一艘巨大的铜潜艇内部。地铁站天花板上是巨大的红色齿轮系统，两侧则分别是排列整齐的舷窗，加起来有十来个。在地铁站内从头走到尾，透过舷窗向外看去，你会发现一系列代表着各种古老又奇特的发明的奇妙场景。椭圆形齿轮、球状星盘、水动力车轮、一艘飞艇航空器或者一台钢铁转炉。如果不是行色匆匆的巴黎人潮来来往往、进进出出地涌入地铁站，我们应该还能惊喜地发现儒勒·凡尔纳小说中令人肃然起敬的人物之一"尼莫船长"出现在我们眼前。

　　地铁站台的装饰实际上只是一幅对于我们即将见到的地

上景观的"预告"。今天，我要去的地方是巴黎工艺博物馆，简称CNAM，这个博物馆里陈列着各种类型的、古老的机械产品，它们对于人类的历史发展来说，无一不至关重要。从第一批电动汽车到活塞式压力计、自动荷兰时钟、伏打电堆、打孔卡织布机、螺杆印刷机、虹吸气压计，再到拨号电报，所有这些突然出现在眼前的历史发明，将我拉回了过去4个世纪里那令人目眩神迷的科技旋涡之中。我在宽大楼梯的中央部分停住脚步，看到了一架19世纪的、长得好像一只巨大蝙蝠的飞机。在走廊的拐角处，我碰到了"拉玛"（Lama），第一台由俄罗斯科学家在20世纪设计的机器人，最初用于在火星表面滚动行走。

我迅速地从这些奇妙的展品前走过，直接上到二楼。这里是陈列科学仪器的长廊。看，有折射望远镜、漏刻、罗盘、罗贝瓦尔秤（磅秤）、巨大的温度计，以及酷炫壮丽的、围绕着自身轴线旋转的天文地球仪！然后，在一个橱窗的角落，我突然看到了今天来到这里的理由：帕斯卡计算器。这台奇怪的机器看上去像一个四四方方的黄铜箱子，长40厘米、宽20厘米，表面附着有6个被编号的轮子。这台机械是当年只有19岁的布莱兹·帕斯卡在1642年设计出来的。在我面前的，是人类历史上第一台计算器。

第一台吗？实话说，早在17世纪之前，就已经存在能够实现计算的设备了。从某种程度上说，人类的手指才是有史以来第一种"计算器"，因为我们智人很早就使用各种小物件来数数了。"伊尚戈骨"及其上的刻痕、乌鲁克的黏土筹码、古代中国人的算筹，甚至自从古代起就大受欢迎的算盘，所有这些设备都能用来计数和计算。然而，它们却都不符合通常情况下"计算器"的定义。

为了搞清楚为什么，让我们花点儿时间来详细说明一下传统算盘的使用方法。传统算盘是由一组细杆及穿在上面能够自由滑动的算珠构成的，右起第一根细杆对应着个位，第二根对应着十位，第三根对应着百位，以此类推。因此，为了表示23，你需要推动十位的2枚算珠，个位的3枚算珠。如果想再加上45，你需要在十位上再推4枚算珠，个位上再推5枚算珠，最后得到68。

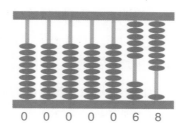

但是，如果加法需要进位，我们就需要再多加一个小小的操作。比如68+5，可是个位上只剩下一枚珠子可以推动了。在这种情况下，一旦个位上的算珠数量到了9，就需要把个位上所有推上去的珠子拨下来，表示"重新开始从0计算"，然后在十位上推上去1枚珠子，个位上推上3枚珠子。因此答案是73。

这种操作并不是很复杂，然而，正是它限制了算盘，以及其他所有在帕斯卡计算器出现之前存在的计算设备，使得它们不能被称为"计算器"。在同一种运算中，使用者根据"进位"或者"不进位"执行的操作并不一样。实际上，这种"机器"只不过一种辅助记忆的工具，提醒使用者"算到哪儿了"，然而根据计算的不同阶段，还是需要使用者自己动手进行计算操作。相反，如果你使用一台现代计算器做加法，则丝毫不用担心你的机器将如何得出答案。不管有没有"进位"，你都不用操心！你不需要思考，也不需要适应变化的情况，计算器会帮你"全部搞定"。

根据这一标准，帕斯卡计算器的确是历史上第一台计算器。虽然它的机制非常精密，而且需要操作者具有很高超的技巧，但是它的工作原理相当简单。在这台机器的表面有6个轮子，每只轮子上有10个带数字编码的切口。

最右边的轮子代表个位数，从右数第二个轮子代表十位数，以此类推。轮子上方是"显示区域"，由6个小方框构成，每个方框对应一个轮子，每个方框内都能显示一个数字。要输入数字28，只需要沿着顺时针方向转动十位数的轮子2格，然后转动个位数的轮子8格。随着齿轮内部系统的操作，你会在显示区域对应的方框内看见 2 和 8 两个数字。如果你想在此基础上加 5，则不需要任何"进位"操作，只需要转动个位数的轮子 5 格，当轮子上的数字从 9 跳到 0 的时候，十位上的数字则自动从 2 跳到 3。于是，计算器显示的结果为 33。

有了帕斯卡计算器，你想怎么"进位"就怎么"进位"，想进多少位，就进多少位。在帕斯卡计算器上输入 99999，然后旋转一格个位数的轮子。你会发现从右向左，所有的"进位"一个接一个地实现，最终给出了 100000 这个数字，而操作者不需要再做任何多余的操作！

在帕斯卡之后，有很多发明家完善了他的计算器，使其能够更快更高效地进行更多类型的运算。17 世纪末期，莱布尼兹也投身于"设计计算器"的大军之中，成为首批构思某种能够做乘法和除法运算机器的学者之一。然而，他设计的系统依然是不完善的，他制作的机器在某些特殊的情况下依然存在进位错误的现象。直到 18 世纪，莱布尼兹的想法才被完美地实现。在那些更天才、更有想象力的发明家的推动下，更可靠、更高效的计算器模型被创造了出来。然而，计算设备的精确性往往需要以机器本身的体积作为代价，在当时，最小尺寸的计算器，看上去也和小型家具差不多大。

在 19 世纪，计算器已经相当普及了，并且也经历了一段和"表亲"——打字机——很相似的历程。很多的会计师事务所、商务人士，或者仅仅是经销商们，都装备了这种计算器。最终，计算器从某种"装饰"品，迅速地成为日常生活中不可或缺的一部分。以至于人们不禁要问，在计算器被发明之前，我们是怎么活下来的呀！

我继续参观博物馆，一路上看到了好几台帕斯卡计算器的"接班人"。比如查尔斯·泽维尔·托马斯发明的四则运算器，里昂·伯尔发明的乘法计算器，迪布瓦发明的彩色计算器，还有费尔特与塔兰特发明的键控计算器。其中，最受欢迎的计算器当属瑞典工程师威戈特·西奥菲尔·欧德纳在俄罗斯开发的手摇计算器。这部机器由三个主要部分构成：上半部分是用来展示我们所输入数字的一组小操纵杆，下半部分是一个滑架，能够在水平方向上移动，其上会显示运算结果，而机器的右侧是一个手柄，用来进行运算操作。

　　每当转动手柄一次，计算器上半部分的操纵杆上所显示的数字，就会被加到下半部分的滑架所显示的数字之上。如果想要做减法，只需要朝相反的方向转动手柄就可以了。

　　现在，假设我们要做一个乘法：374×523。在机器的上半部分设置好数字 374，转动 3 次手柄。于是，机器下半部分的滑架上会显示数字 1122，也就是 374×3 的运算结果。然后，将显示滑架朝十位的方向移动一格，再转动 2 次手柄。滑架显示的数字为 8602，即 374×23 的运算结果。继续将显示滑架朝百位的方向移动一格，转动 5 次手柄，我们就得到了最终的结果：195 602。任何人只要经过一些训练，再熟悉几次，只需要几秒钟就能通过手摇计算器做乘法了。

　　1834 年，一个相当疯狂的想法突然出现在英国数学家查尔斯·巴贝奇的脑海中，他想用纺织机的原理制造一台计算器！若干年以来，纺织机的操作原理已经经历了几次改进，其中就包括对打孔卡的引入，使得同样一台纺织机能够生产出具有各种不同花纹的布料，而且不需要改变机器的设置。根据打孔卡上的孔洞位置，铰接式钩针依次通过这些孔洞，于是纬纱线能够上下穿越经纱线，从而织出花纹。总而言之，人们只需要根据需求随意地更换不同式样的打孔卡，机器本身就会根据这些打孔卡的不同而织出不同花纹的织物。

　　基于这种模型，巴贝奇设计了一种机械计算器，这种计算器并不专注于某种或者某几种特殊的运算——比如加法或者乘法，而是能够根据需要调整自己的算法，对应人们选择插入的打孔卡，实现上百万种不同的计算。具体来说，这台机器能够实现所有的多项式计算，也就是说，包括以任意顺序排列的四则基本运算及乘方运算的代数运算。如同帕斯卡计算器一样，不管运算涉及什么样的数字，不管过程中涉及什么样的运算，巴贝奇的计算器都只需要使用者进行一种操作。它不再像欧德纳的手摇计算器那样，需要根据加法或者减法改变转动手柄的方向。使用者只需要在打孔卡上写下计算式，然后机器会完成所有的运算。这种革命性的新功能使得巴贝奇的计算器成了历史上第一台计算机。

　　但是，巴贝奇的计算器依然带来了新的挑战。为了进行某种计算，我们必须给计算器提供相应的打孔卡。打孔卡上面有一系列的洞，计算器能够探测到这些洞的存在，然后按照洞代表的指示一步步地进行预定的计算。于是，计算器的使用者必须在使用它之前，就先把想要进行的运算转化为打孔卡，然后插入计算器进行计算。

这项"从运算到打孔卡"的翻译工作，是由英国数学家阿达·洛芙莱斯继续深入研究并且实现的。阿达·洛芙莱斯对巴贝奇计算机的运算功能很感兴趣，并且，她或许比巴贝奇更了解这台计算机所拥有的潜力。阿达·洛芙莱斯编写了一段复杂的代码，用来计算伯努利数列——一个多世纪之前由瑞士数学家雅各布·伯努利发现的；这种算法在微积分的计算方面极其有用。这段代码通常被认为是世界上第一个计算机程序，而洛芙莱斯也被认为是人类历史上第一个程序员。

阿达·洛芙莱斯于 1852 年去世，享年 36 岁。查尔斯·巴贝奇终其一生都在试图建造起自己的机器，但是一直到他在 1871 年去世之时，巴贝奇计算机的原型还没有完成。一直到 20 世纪，我们才终于见到了巴贝奇计算机的真容。当我们观察运算中的巴贝奇计算机时，会由衷地感到震撼和陶醉。它们的尺寸巨大（大约 2 米高、3 米宽），数百个搭配在一起的齿轮在机器内部摇摆、转动、翩翩起舞，给人留下一种目不暇接又不可思议的印象。

如今，巴贝奇未完成的计算机原型被收藏在伦敦科学博物馆，人们依然还能欣赏到它迷人的身姿。另外一个能够用来计算的、于 21 世纪初复原的复制品则在美国加州山景城的计算机历史博物馆内展出。

生活在 20 世纪的人们将会见证电子计算机的胜利，它们的普及程度对于巴贝奇和洛芙莱斯来说或许是绝对无法想象的。计算机的发展，将受益于那些最古老的和最前沿的数学研究成果。

一方面，微积分和虚数使得电磁现象能够通过方程式表示，在此基础上，电子设备很快应运而生；另一方面，19世纪见证了大量影响数学学科基础的问题的出现——从公理到基本推理，再到证明过程。其中第一点将会给计算机提供能够超高速运转的基础硬件设施，第二点则使得能够生产出最复杂结果的基本运算的有效组织成为可能。

这场革命的主要领导人之一，是英国数学家艾伦·图灵。1936年，图灵发表了一篇文章，在文中，他建立了"证明某个定理在数学上的可能性"和"用一台机器计算结果在信息科学上的可能性"之间的对照关系。他首次提出了一种抽象的计算模型，后世称之为"图灵机"，并且至今依然被广泛用于理论信息科学领域。"图灵机"是一种纯粹的想象产物。这位英国数学家在设计它的时候并没有在意它将会采用何种具体的机制，以及如何被建造出来。图灵只是单纯地提出，他的机器能够进行何种基本运算，然后考虑将这些运算组合在一起能够实现什么样的结果。我们能够看出，这个过程有些类似于一位数学家提出了一系列公理，然后试着通过将这些公理相互结合，推导出一系列的定理。

人们为了获得某个结果而给计算机下的一系列指令被

称为"算法"（algorithme），这个称呼来自花拉子米（al-Khwārizmī）名字的拉丁语变形。必须要指出的是，电子计算机的算法在很大程度上借鉴了古人已经知晓的解决问题的方法。你应该还记得花拉子米，在《代数学》一书中，他不但考察了抽象的数学对象，还给出了实际的解决方法，正因为如此，巴格达的市民们才能够不费吹灰之力地解决具体问题，而不需要掌握那些基本的定理。同样，我们也不需要跟一台电子计算机解释某个它或许无论如何都不能理解的理论。它只需要人们告诉它进行怎样的计算，以怎样的顺序进行计算。

举个例子，下面就是一个能够被应用在计算机上的算法。这台"计算机"有三个内存位置，我们可以在其中记录数字。怎么样，你能猜出这是关于什么运算的算法吗？

【步骤 A】在 1 号内存位置输入数字 1，然后转到步骤 B。

【步骤 B】在 2 号内存位置输入数字 1，然后转到步骤 C。

【步骤 C】在 3 号内存位置输入 1 号内存位置与 2 号内存位置中的数字之和，然后转到步骤 D。

【步骤 D】将 2 号内存位置中的数字输入 1 号内存位置，然后转到步骤 E。

【步骤 E】将 3 号内存位置中的数字输入 2 号内存位置，然后转到步骤 C。

你或许已经发现了，这台机器将在步骤 E 和步骤 C 之间循环往复。因此步骤 C、D、E 将会被不断地重复。

所以呢？这台机器是用来计算什么的呢？破解这一系列冷冰冰的、毫无注解的指令可能需要花上一会儿时间来思考。但是你会看到，这个算法算出来的数字是我们已经非常熟悉的斐波那契数列！[1] 步骤 A 和步骤 B 初始化了斐波那契数列的前两项:1 和 1；步骤 C 计算了前两项之和；然后，步骤 D 和步骤 E 移动了内存位置中数字的位置，以便循环能够继续下去。如果你观察这台机器在运算的过程中，内存位置里的数字变化，你会看到如下一系列数字:1, 1, 2, 3, 5, 8, 13, 21，以此类推。

虽然这个算法相对简单，但是它依然不能直接被图灵机读取。按照图灵的定义，图灵机实际上并不能做加法，正如步骤 C 中所做的那样。图灵机能做到的，只是根据每一步的指令，输入数据、读取数据和在记忆位置中移动数据。然而，人们却能够通过给图灵机提供一定的算法来"教会"它做加法运算，这种算法规定了数字如何一行行被加起来，然后考虑进位的问题——就像我们用算盘所做的那样。换句话说，加法并不是图灵机的"公理"之一，但是却可以成为图灵机的一个"定理"——只要我们使用正确的算法就好。一旦加法

---

[1] 你或许还记得，斐波那契数列的前两项都是 1，然后每一项都是前两项相加之和，于是这个数列为 1, 1, 2, 3, 5, 8, 13, 21……

的算法被写出来，我们就可以将它代入到步骤 C 之中，然后，我们的图灵机就能够算出斐波那契数列了。

于是，通过设计更加复杂的算法，我们能够"教会"图灵机乘法、除法、平方、开方、解方程计算 π 或三角函数的近似值、确定几何图形的笛卡尔坐标，甚至进行微积分计算。总之，只要我们提供正确的算法，一台图灵机能够完成所有的、我们在本书中提到过的数学过程。

四色定理

让我们拿一张地图，地图之上，各个不同区域之间的边境线已经清晰地标出。我们至少需要多少种颜色来标注地图上不同的区域，才能使得每两个相邻的区域具有不同的颜色？

1852 年，南非数学家法兰西斯·古德里仔细研究了这个问题，并且提出假设，不管是什么样的地图，最少只需要 4 种颜色就能满足以上的要求。在古德里之后，大量的学者试图证明这一猜想，但是一个多世纪过去了，没有人获得成功。不过，人们还是取得了一些进展。有人证明了，所有的地图都能够被简化归入 1478 种特别的类型中。但对于每一种类型来说，还需要大量的检验工作，那么问题来了：对于某一个人，甚至是对于一个团队来说，都根本没有办法完成这么庞大的演算量。人生苦短哪。我们可以想象，当时的数学家们该有多么郁闷，他们明明已经掌握了能够证明或者证伪这个猜想的方法，然而唯一缺少的，却是足够的时间！

20 世纪 60 年代，"使用电子计算机代替人工计算"的想法开始在一些研究人员的心中萌芽。终于，1976 年，两位美国数学家凯尼斯·阿佩尔和沃夫冈·哈肯宣布，他们终于证明了这个定理。为了计算出全部 1478 种地图，即使有计算机的帮助，还是花费了超过 1200 个小时，完成了 100 亿次基本运算。

这一结果一经公布，仿佛往数学界里扔了一枚炸弹一般。我们该如何接受这种新型的"证明"方式？我们能够接受这一论证过程的可靠性吗——毕竟它那么长，没有任何人能够从头读到尾。人类对于机器的信任，到底能够到达什么程度？

这些问题引发了很多争论。有一些人认为，我们不能100%肯定机器不会出错，而另外一些人则认为，谁也不能保证人类就100%不会出错呀。难道说，机器的电子机制就不如人类的生理机制吗？一台金属机器"生产"出来的论证，难道就比一部器质性机器"思考"出来的论证更不可靠吗？在人类历史上，我们经常遇到数学家们（有的时候还是数学大咖们）的结论，在很久很久以后被验证为错误的情况。难道我们要因此怀疑整座数学"大厦"的坚固性吗？毫无疑问，一台机器总会有一些 bug，有的时候会导致错误，但是它的可靠性至少和一个人类个体是一样的（而且经常比人类靠谱多了），我们没有任何理由拒绝机器给我们提供的答案。

当今，数学家们已经学会了信任计算机，他们当中的大多数人都认为四色定理的证明过程是有效的。自从有了计算机的帮助，大量的其他结果也被证明出来。然而，这种方法却并不总是被人欣赏。经过人类之手创造出来的证明过程往往被认为是"更考究的"。如果说数学的目的在于理解抽象的对象以便操控它，那么，人类自己创造出的论证则更富有教育意义，因为它往往能够让我们更容易掌握更深层的含义。

2016 年 3 月 10 日，全世界的目光都聚焦在韩国首尔。这一天，万众期待的"人机围棋大赛"就要在世界最优秀的围棋选手李世石和电子计算机"阿尔法狗"之间展开。这场比赛同时在网络和电视上直播，全世界数百万观众围观了这场比赛，现场气氛十分紧张。在过去，从来没有任何一台计算机能够在这个层面上"击败"人类。

长期以来，围棋一直被认为是最难被计算机学习和理解的游戏。围棋的战术战略需要玩家具有大量的直觉和创造力，即使计算机的计算能力再强，也很难找出能够模拟直觉行为的算法。其他的一些著名游戏则更容易被计算，比如国际象棋。这就是为什么 1997 年"深蓝"计算机在一场对战中"打败"俄罗斯国际象棋冠军加里·卡斯帕罗夫的时候，也引起了一阵不小的轰动。其他的游戏，比如跳棋之类的，计算机甚至可以设法开发出某种"战无不胜攻无不克"的战术。没有任何人类能够在跳棋领域战胜电子计算机，最完美的结果也不过是和电脑战成平局。作为伟大的战略游戏家族中的一员，到 2016 年为止，围棋一直都还是"人机对抗"的最后堡垒，抵挡住了来自机器的"冲击"。

开赛一个小时后，双方已经下到了第 37 手，场面看上去很焦灼。然后，阿尔法狗下了一手震惊了所有观战专家的棋。它决定，黑子落在 O10 的位置。在网上，直播解说比赛的评论员直接瞪圆了眼睛，他先是跟着阿尔法狗落子，然后犹豫了一下，重新把这颗棋子拿了起来。他再度查看屏幕，最后终于又把那颗棋子放了回去。"这可真是让人惊诧的一手！"评论员笑着说。虽然笑容中掺杂了一些困惑。"这肯定是计算错误了。"第二位主持人回答道。在世界各地，最优秀的围棋手们也纷纷表示不可理解和不可思议。阿尔法狗到底是犯了一个巨大的错误，还是恰恰相反，下了神来之笔的一手呢？三个半小时过去了，双方又下了 174 手，随着世界冠军的投子认输，答案终于揭晓：计算机赢了。

比赛结束后，大量的溢美之词不断涌现，形容那著名的第 37 手。"有创意的""独一无二的""美妙绝伦的"，没有任何一个人类会下这样一手在传统策略中被认为是"坏子"的棋，然而正是这一步棋最终指向了胜利的结局！于是，问题来了：作为只会忠实地执行人类编写的算法的电脑，怎么可能会有创造性呢？

这个问题的答案，在于一种新型的算法：学习型算法。程序员们实际上并没有在电脑上玩儿围棋游戏，而是教会了电脑玩儿围棋！在棋艺训练的过程中，阿尔法狗花了几千个小时和自己下棋，自己探索出了所有能够赢得胜利的落子。阿尔法狗的另外一个特点，是它在算法中引入了随机性。围棋落子的可能性何止成千上万种，想要全部计算出来是不可能的，哪怕对一台电脑来说也是如此。为了解决这个问题，阿尔法狗采用了抽签的方式，随机抽取它要探索的路径，然后使用了概率论。阿尔法狗只测试了所有可能的组合中的一个小样本，而且，如同我们通过调查整体中的一个小群体的方式来估计整个群体的特征一样，阿尔法狗也确定了那些最容易取得胜利的落子方式。这就是阿尔法狗具有直觉和独创性的一部分原因：它并不是系统地进行思考，而是根据概率来权衡可能的未来。

除了战略游戏之外，电脑因为配备了越来越复杂、越来越有效的算法，在今天看来，电脑似乎在大部分技能上都占据了上风。它们能够驾驶汽车，参加外科手术；能够作曲，还能画画。从技术角度来看，很难想象有哪一种人类活动不能够通过装配了特定算法的计算机来实现。

面对这短短几十年之间电脑技术的飞速发展，谁能预测出未来的电脑能够做些什么呢？谁知道它们会不会在某一天独立创造出新的数学呢？就目前而言，数学游戏对于电脑来说依然还是太复杂，它们没有办法自由发挥创造力，电脑的能力主要集中在技术层面和计算层面。但是或许未来某一天，阿尔法狗的"子孙后代"会创造出一个原创的定理，就像它们的"老祖宗"曾经下出了神奇的"第37手"一样，让整个星球上所有伟大的科学家目瞪口呆。我们很难预测未来的计算机将会拥有怎样的"威力"，但它们一定会给我们带来惊喜，否则才会令人惊讶呢。

第十七章

未来的数学

　　天空低垂，乌云蔽日，沥沥雨声敲打着苏黎世城市的屋顶。这是盛夏的一天，天气可真是糟糕！好在火车就要到站了。

　　这是 1897 年 8 月 8 日，星期天，苏黎世火车站站台上站着一位思虑重重的男人，等待着客人们的到来。阿道夫·胡尔维茨是一位数学家，他是德国人，此时已经在苏黎世定居了 5 年，在瑞士联邦理工学院任数学教授。正是因为这份工作，胡尔维茨将在未来的 3 天内扮演重要的组织人角色。火车将给他送来全世界最伟大的一小撮学者，他们分别来自 16 个不同的国家。明天，第一届国际数学家大会就要召开了。

　　本次会议的两大发起人是德国学者格奥尔格·康托尔和菲利克斯·克莱因。康托尔因为发现"有一些无穷大比别的无穷大更大"而成名，他创建了集合论，并且完美地使用了自己的理论而没有陷入任何悖论；克莱因是代数结构方面的专家。虽然，出于外交的原因，瑞士被选为第一届国际数学家大会的东道国，但是两位发起人都来自德国却并不让人奇怪。在19世纪，德国已经成功地成为数学的新"黄金国"[1]。哥廷根和久负盛名的哥廷根大学成为神经中枢，数学领域内最聪明的大脑们在这里交流思想。

在200位与会者中，有很多来自意大利的数学家，比如朱塞佩·皮亚诺，他定义了现代数论的公理；还有来自俄罗斯的数学家，如安德雷·马尔可夫，他的研究给概率论领域带来了颠覆性的改变；以及来自法国的数学家，如昂利·庞加莱[2]，他发现了混沌理论，后来我们称之为"蝴蝶效应"。大会的3天期间，所有这些人将讨论、分享、创建彼此的及彼此学科之间的联系。

19世纪末期，数学世界正在经历蜕变。因为地理的扩张和学科分支之间愈来愈泾渭分明，数学学者们也正在彼此渐行渐远。数学正在成为一门范围过于广阔的学科，以至于任何一位数学家都不可能样样精通。昂利·庞加莱为第一届国际数学家大会致开幕词，后来他被有些人认为是"最后一位

---

[1] 译注：南美洲传说中遍地黄金财宝的地方，也指乐土。

[2] 我在前文中已经提到过庞加莱，正是他说了那句著名的："数学是一门赋予不同事物以同样名字的艺术。"

全知全能的伟大学者"，他掌握了自己那个时代的所有数学知识，而且在很多领域发挥了显著的推动作用。在他之后，"数学通才"将不再存在，取而代之的是"数学专才"。

然而，作为对这种"数学大陆不可避免的分裂漂移"的回应，研究者们将前所未有地主动增加彼此合作的机会，将自己的学科打造成一块不可分割的整体。带着这两种彼此矛盾的推动力，数学迈入了20世纪。

第二届国际数学家大会于1900年8月在巴黎召开。然后，大会以四年一度的规律定期举行，除了有几次因为两次世界大战的缘故不得不取消。最近一届数学家大会于2014年8月13日至21日在韩国首尔召开，来自120个国家的5000多位数学家出席了会议，这次会议是有史以来规模最大的数学家集会。下一届数学家大会将于2018年8月在巴西里约热内卢举办。

多年来，国际数学家大会也增加了不少新传统。自从1936年开始，每届大会都会颁发著名的菲尔兹奖。这个奖项通常被称为"数学界的诺贝尔奖"，是整个数学学科的最高殊荣。菲尔兹奖的奖牌上刻有阿基米德的浮雕像，还有一句对这位古希腊数学家最恰如其分的评价：*Transire suum pectus mundoque potiri*（超越他的心灵，掌握世界）。

菲尔兹奖奖章上的阿基米德像

数学全球化带来的另外一个影响，是英语逐渐地成为这门学科的国际通用语言。自从巴黎的国际数学家大会之后，一些与会者抱怨说，整个大会和学术报告都是法语的，对于外国参会者来说根本无法理解。第二次世界大战中，大量的欧洲学者移民到了美国，大量的美国教育机构也参与到了"英语化"的运动中来。于是在今天，绝大部分的数学研究论文用英文发表。[1]

在一个世纪之内，数学家的数量也明显增加了。1900年的时候，全世界的数学家也不过几百位，主要集中在欧洲。今天，全世界的数学家早已成千上万，每一天都有几十篇新论文发表。一些统计显示，目前在世界范围内，数学界每4年将会产生大约100万条新的定理！

---

[1] 从 1991 年起，来自世界各地的学术文章都能在互联网上免费阅读，由 arXiv.org 这个平台提供，该平台是由美国的康奈尔大学创立的。如果你想看数学论文长什么样子，可以去那里围观一下。

数学学科的"再统一"同样也经历了一场学科本身的重大重组。在这场重组运动中，最活跃的人物当属德国数学家戴维·希尔伯特。希尔伯特是哥廷根大学的数学教授，他和庞加莱一样，是 20 世纪初最有智慧也最具影响力的数学家。

1900 年巴黎的国际数学家大会，希尔伯特也参加了，同年 8 月 8 日，他还在索邦大学发表了一篇著名的演讲。这位德国数学家列出了一个人类尚未解决的数学难题的清单，他表示，这些难题应该就是下一个世纪数学家们需要主要攻坚的对象。数学家是热爱挑战的一群人，"首创性"诱惑着他们。希尔伯特提出的这 23 个问题果然激起了研究者们的兴趣，很快，这份"清单"就"流出"了国际数学家大会，流传到世界各地。

截至 2016 年，希尔伯特清单上还有 4 个问题没有答案，其中就包括清单上的第八道难题，即黎曼猜想——通常被认为是我们这个时代最伟大的数学猜想。19 世纪德国数学家波恩哈德·黎曼提出了一个方程，黎曼猜想就是关于寻找这个方程的虚数解。这个方程之所以格外有趣，是因为它拥有一把能够解开最古老的谜团的钥匙，这个谜团就是自古以来关于素数序列的研究。[1] 公元前 3 世纪的埃拉托斯特尼是第一批

---

[1] 素数指在大于 1 的自然数中，除了 1 和该数自身外，无法被其他自然数整除的数。比如，5 是一个素数，而 6 则不是，因为 2×3=6。素数序列的开始是这样的:2, 3, 5, 7, 11, 13, 17, 19……

研究素数序列的学者之一。如果我们能够求得黎曼方程的解，也就掌握了大量关于占据了数论中核心地位的素数们的信息。

虽然希尔伯特的 23 道难题让整个数学界忙得团团转，但是希尔伯特本人并没有"满足"于此。在接下来的几年内，这位德国数学家开始实施一个庞大的计划，旨在将所有的数学知识都放置在同一个可靠的、坚实的、明确的基础上。他的目标是打造一个独特的理论，涵盖所有的数学分支！你可能还记得笛卡尔的坐标系，多亏了笛卡尔坐标，几何问题已经能够用代数的语言表述了。于是从某种程度上说，几何由此成了代数学的一门子学科。但是，我们有可能在整个数学学科的层面上，重新实现这种融合吗？换句话说，我们是否能够找到一个"超级理论"，在这个理论中，所有的数学分支，无论是几何学、代数学、微积分还是概率论，都不过是某种特殊的个例而已。

实际上，这个"超级理论"的出现，正是借助了格奥尔格·康托尔在 19 世纪末期提出的"集合论"的框架。在 20 世纪初期，集合论的若干点公理化建议开始出现。1910 年到 1913 年，英国数学家阿尔弗雷德·诺思·怀特黑德和伯特兰·罗素出版了一本题为《数学原理》的三卷本著作。在书中，二人重新创造了所有剩余的数学"碎片"，并且由此出发定义了相关的公理和逻辑规则。这部著作中最著名的段落出现在第一卷的第 362 页，因为怀特黑德和罗素在重新建立了数论之后，最终给出了一个定理：1+1=2。很多评论者都被这个定理给逗笑了，毕竟，两位学者长篇累牍地发展了种种普通人不能理解的推理，最终却只为了给出这样一个如此简单的等式定理，简直是不可思议。为了让各位也见识一下，下面就是如何使用怀特黑德和罗素的符号语言来证明"1+1=2"的过程。

*54·43.　　$\vdash :. \alpha, \beta \in 1 . \supset : \alpha \cap \beta = \Lambda . \equiv . \alpha \cup \beta \in 2$

    Dem.

      $\vdash . *54·26 . \supset \vdash :. \alpha = \iota' x . \beta = \iota' y . \supset : \alpha \cup \beta \in 2 . \equiv . x \neq y .$

      [*51·231]　　　　　　　　　　　　　　　　　$\equiv . \iota' x \cap \iota' y = \Lambda .$

      [*13·12]　　　　　　　　　　　　　　　　　$\equiv . \alpha \cap \beta = \Lambda$　　　(1)

      $\vdash . (1) . *11·11·35 . \supset$

        $\vdash :. (\exists x, y) . \alpha = \iota' x . \beta = \iota' y . \supset : \alpha \cup \beta \in 2 . \equiv . \alpha \cap \beta = \Lambda$　　　(2)

      $\vdash . (2) . *11·54 . *52·1 . \supset \vdash . \text{Prop}$

From this proposition it will follow, when arithmetical addition has been defined, that $1 + 1 = 2$.

各位就不要试图理解这些"鬼画符"的意思了，尤其是没有看过之前的 361 页内容，绝对不可能理解上面这段字符的意思！[1]

在怀特黑德和罗素之后，其他的公理改进建议也被提出，在当今，绝大部分现代数学学科确实能够在以集合论为基础的若干个公理之内，找到它们的学科基础。

这种"统一"也造成了语言学上的争论，因为，有一些数

---

[1] 当然，即使看完了前面的 361 页，也很有可能依然看不懂两位学者在说什么……

学家开始主张不再使用"数学"一词的复数形式，而用单数形式代替。不再说"les mathématiques"（数学们），而说"la mathématique"（数学）！如今，很多的数学家已经开始使用单数，但是所谓"习惯总是很难消亡"，复数的"数学"似乎还没有完全退出历史舞台的打算。

尽管集合论取得了巨大的成功，但希尔伯特依然不满意，因为在《数学原理》中，对一些公理可靠性的猜疑依然存在。一个理论若是想被公认为"完美"，有两点必须要满足的标准：一致性和完整性。

"一致性"指的是理论中不允许存在悖论。它不可能既能证明某件事，又能证伪同一件事。比如，如果这个理论的一个公理能够证明1+1=2，而另一个公理能证明1+1=3，那么这个理论就是不一致的，因为它自相矛盾。另一方面，"完整性"能够保证这个理论中的所有公理，足够用来证明在其框架下的所有真命题。比如，如果一个算术理论没有足够的公理来证明2+2=4，那么这个理论就是不完整的。

那么，是否可能证明《数学原理》同时满足了这两条标准呢？我们是否能够确定永远不会在其中找到悖论呢？它的公理是否足够精确和强大，以至于能够推断出所有可能的定理呢？

谁也没有想到，希尔伯特的计划在1931年因为一个意外事件而突然中止了。这一年，一位年轻的数学家库尔特·哥德尔发表了一篇题为《"数学原理"及其相关系统的明确性不可判定之命题》的文章。哥德尔在这篇文章中提出了一个绝妙的定理，指出了根本不可能存在一个既一致又完整的"超级理论"！如果《数学原理》是一致性的，那么则必然存在不可判定的断言，也就是既不能证明也不能证伪。因此，我们就不可能判断它们是真命题还是伪命题！

哥德尔的"精美灾难"

哥德尔不完备定理是数学思想中的一座丰碑。为了大致地了解一下这个定理究竟在说什么，我们需要仔细来看一看我们是如何书写数学内容的。以下是两个基本的数论陈述。

A. 两个偶数之和始终是偶数。

B. 两个奇数之和始终是奇数。

上述两种说法都很清晰明确，毫无疑问，它们都能够使用韦达的代数学语言写出来。稍微思考一下，你就会发现，第一条陈述，也就是 A 命题，是真的；而第二条陈述，也就是 B 命题，是假的，因为两个奇数和总是偶数。于是，我们就有了如下两个新的陈述：

C. 命题 A 是真的。

D. 命题 B 是假的。

　　新的两个命题有点特殊。它们实际上都不是严格的数学命题，而是针对数学命题的命题！命题 C 和 D 与命题 A 和 B 不同，它们没有办法先验地使用韦达的符号语言写出来。它们的表述对象既不是数字，也不是几何图形，更不是其他的什么数论、概率论或者微积分的研究对象。它们是被我们称为"元数学"命题的命题，也就是不表述数学对，而是把数学作为表述对象的命题！一个定理是数学的，"一个定理为真命题"的命题是元数学的。

　　这两者之间的区别似乎难以捉摸又微不足道，然而哥德尔正是通过非常巧妙地对元数学进行形式化，进而得到了哥德尔不完备定理。这位学者的壮举在于，他找到了一种使用数学语言书写元数学命题的方式！多亏了这种天才的、能够像解释数字一样解释命题的方式，使得数学除了能谈论数字、几何和概率之外，突然能够谈论起它们自身了！

　　一个能够自己谈论自己（自说自话）的东西，各位想起了什么没有？没错，你们应该还记得大名鼎鼎的埃庇米尼得斯悖论。这位古希腊诗人曾经创造过一个克里特悖论：所有的克里特人都是骗子。埃庇米尼得斯自己就是克里特人，因此我们无法确定他的这句话到底是真的还是假的，因为这句话本身自相矛盾——仿佛一只咬住自己尾巴的蛇。迄今为止，数学命题一直都能幸免于遭到这种自我指涉的断言，但是，天才的哥德尔却在他的论文中，再现了一个相同类型的、来自数学内部的现象。请看下面这个命题：

G. 命题 G 不能从该理论的公理出发得到证明。

很显然，这个命题是元数学的，但是通过哥德尔的巧妙把戏，它依然能够使用数学的语言表达。因此，我们也就能够从该理论的公理出发来证明命题 G。于是，可能出下如下两种情况。

或者我们能够证明 G，但是在这种情况下，正如命题 G 确认了命题 G 是不可证明的，这意味着命题 G 是错误的，所以命题 G 是假命题。然而，如果能够证明某个命题是假的，就说明了整个理论站不住脚！因此这个理论是不一致的。

或者我们无法证明 G。在这种情况下，命题 G 为真命题，这就意味着，虽然某个命题是真的，但是我们的公理却无法证明它！于是，该理论就是不完整的，因为存在着我们无法抵达的"真相"。

总而言之，鱼与熊掌不可兼得。要不然这个理论是不一致的，要不然这个理论就是不完整的。哥德尔不完备定理显然给正在做美梦的希尔伯特泼了好大一盆冷水，而且，我们也没有办法试图通过修正理论来"绕过"这个问题，因为哥德尔不完备理论不仅针对《数学原理》，还虎视眈眈地"监视"着任何野心勃勃想要对《数学原理》取而代之的其他理论。一个能够证明所有定理的特别又完美的理论是根本不存在的。

不过，我们仍然还有希望。当然，命题 G 是无法判定的，但是必须得承认，从数学的角度来看，这个命题也没有什么意思，它不过是哥德尔在探索埃庇米尼得斯悖论时顺手捏造出来的一个奇形怪状的产物。所以，我们总是可以心怀希冀，希望那些最伟大、最有趣的数学问题，能够不陷入自我指涉的陷阱之中。

可惜的是，我们不得不再一次无可奈何地面对失望。1963 年，美国数学家保罗·寇恩证明了希尔伯特的数学难题清单中的第一道"难题"，也属于这一类奇怪的"不可判定"的命题。从《数学原理》的公理出发，我们无法证明这个命题，也无法证伪。如果有朝一日，这道"难题"被解决了，那它必然是在另外一个理论框架下解决的。但是，这个新的理论框架也必然包含着其他缺陷和不可判定的命题。

如果说，在 20 世纪，对于数学基础的研究占据了一个重要的地位，那么对于其他的数学分支来说，它们也都各自茁壮地成长着。我们很难完整地描述出在过去的几十年中大量蓬勃发展的数学学科多样性。不过，还是让我们稍停片刻，一起来看一看 20 世纪数学皇冠上最闪耀的宝石：曼德博集合。

　　这个惊喜的产物是在对某些数列进行性质分析的过程中出现的。任意选取一个数字，创建如下数列：数列的第一项是 0，之后的每一项都等于之前一项的平方加上你所选取的这个数字。比如，你选择了数字 2，那么你的数列就是：0，2，6，38，1446……因为 $2=0^2+2$，$6=2^2+2$，$38 = 6^2+2$，$1446=38^2+2$，以此类推。如果你选择的不是 2 而是 –1，那么你将得到这样的数列：0，–1，0，–1，0……这个简单的数列不断地在 0 和 –1 之间交互，因为 $-1=0^2-1$ 并且 $0=(-1)^2-1$。

　　以上两个例子表明，根据我们所选择的数字不同，所获得的数列也可能会产生两种截然不同的性质。这个数列的发展，很有可能一路直奔"无穷大"，例如我们选择数字 2 就会是这种情况。而这个数列也很有可能是一个"有界集"，也就是说，构成数列的数字不会"偏移"，始终保持在一个有限的区域当中，例如我们选择数字 –1 就会是这种情况。所有的数字，无论是整数、小数（实数），还是虚数（复数），都能被归结到上述两类情况当中。

这种分类数字的方式可能看起来比较抽象，那么，为了"看得"更清楚，借助笛卡尔坐标系，我们可以将这个规则用几何化的方式表示出来。在一个平面上建立一个笛卡尔坐标系，用横轴来代表所有的实数——正如我们在前文中一直做的那样[1]，用纵轴来代表虚数。现在，我们用不同的颜色来标注分属于上述两个不同集合的点，会获得如下所示的美妙图形。

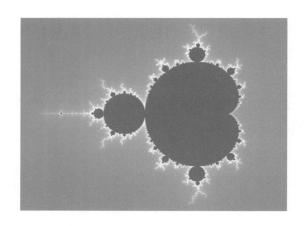

　　在上图中，黑色的点对应的数字代表着会产生有界序列的一类，而灰色的点对应的数字则会产生趋于无穷的那一类数列。在黑色和灰色之间有一道白色的"影子"，这是为了

---

[1] 数字 0 位于正中间，0 的左边是负数，右边是正数。

让我们能够更好地看到那些非常精细的细节，而这些细节有的时候是肉眼不可见的。

由于图片中的每一个点都对应着对一个数列的计算和研究，所以整个制图的过程需要大量的计算。这也就是为什么一直到 20 世纪 80 年代，在电子计算机的帮助下，人们才最终获得了精确的图形。法国数学家本华·曼德博是第一批深入研究这个图形几何性质的学者之一，于是后来他的数学家同事们就给这个图形命名为"曼德博集合"。

曼德博集合是非常迷人的！它的轮廓是一个几何花边，具有不可思议的和谐性和精确性。如果放大它的边界，你会看到越来越多无限精细的、以令人难以置信的方式雕琢而成的图案。事实上，如果想要详细地剖析曼德博集合，几乎不可能通过简单的一张图片就捕捉到它的全部丰富内涵。下页就是曼德博集合的一些细节放大图。

但是，最让人觉得不可思议的是，曼德博集合的定义令人难以置信的简单。如果需要根据奇形怪状的复杂方程、专业而混乱的计算过程或者荒谬离奇的数学结构来画出这样美妙的图形，我们或许可以说："当然了，这个图形是美丽的，但它完全是'人造'的，所以没什么意思。"可是，并不是这样的，这个图形仅仅是一些数列的基本性质的几何表示，而这些数列的定义，只需要几个字就能说清楚。从一个如此简单的规则出发，诞生了如此美妙的几何奇迹。

这种发现必然再次引起了关于数学本质的大讨论：数学到底是人类的发明，还是一种独立的存在？数学家们到底是创造者，还是发现者？乍一看，曼德博集合的存在似乎是为"发现者"的观点做辩护的。即使这个图形是如此得美妙出色，它也不是按照曼德博的个人意志建构出来的。这位法国数学家的本意并不是创造一个这样的图形，是图形自己出现在了他的眼前。它只能是这个样子，不会以其他的方式存在。

然而，如果把曼德博集合看成一种独立的存在也很奇怪，因为一方面它是纯粹抽象的，另一方面它的存在也只有在数学的无形框架下才有意义。虽然数字、三角形和方程都是抽象的，但是它们却能够被用来理解真实的世界。到目前为止，抽象似乎总是一种与真实世界距离非常遥远的映射，而曼德博集合看上去和真实的世界没有任何直接关系。无论远看近看，左看右看，上看下看，总之没有任何已知的物理现象具有类似曼德博集合的结构。所以我们为何对曼德博集合这么感兴趣呢？发现曼德博集合对我们来说，难道是和天文学发现了一颗新行星或者生物学家发现了一个新物种在同一个层面上的事情吗？曼德博集合是不是一个值得仔细研究的对象呢？换句话说，数学和其他的科学学科是"等价"的吗？

毫无疑问，面对这个问题，许多数学家会回答"是"。然而，数学这门学科在人类认知领域却总是具有一个极度特殊的位置。这种"特殊性"的原因之一，就在于数学和它的对象之美之间维持着一种相当暧昧模糊的关系。

的确，在几乎所有的科学领域，我们总是能够发现那些特别美的事物。天文学家提供给我们的天体照片就是一个例子。我们惊叹于星系的形状、彗星闪闪发光的尾部，或者星云瑰丽的色彩。宇宙是美丽的，确实如此，我们运气很好。但是，我们也必须得承认，如果宇宙不是这么美丽，我们也没有什么办法。天文学家们没有选择。日月星辰就是它们本来的样子，即使它们是丑陋不堪的，科学家们还是得研究它们。虽然美丑的定义是非常主观的，但这不是重点。

然而数学家们却恰恰相反，他们看上去似乎更自由一些。正如我们已经看到的，定义代数结构的方式可能有无数种，而对于任意一种代数结构来说，都有无数种方式来定义数列，以便我们能够研究它们的性质。大多数数列都不会产生曼德博集合这样美丽的存在。在数学上，对于研究对象的选择自由是普遍存在的。在能够去探索的、无穷无尽的理论中，我们往往会选择那些最优雅、最漂亮的作为研究对象。

这种研究方式似乎更接近一种艺术手段。如果说莫扎特的交响曲是美丽的，那并不是什么巧合，而是这位奥地利作曲家"故意而为之"。如果随机地用音符"制作"一些曲子，那么绝大部分应该是"不忍卒听"的。不信的话，你找一架钢琴，在键盘上随便敲一敲，就明白我在说什么了。艺术家的天赋，就是"大浪淘沙始见金"，在无尽的可能中找到那些让我们由衷欣赏和惊喜的"宝藏"。

同样地，一位数学家的天赋也让他懂得，在数学领域无穷无尽的研究对象中，如何选择出那些最有意思的、最值得注意的对象。曼德博集合的图形如果不是这么美丽，很显然数学家们就不会对它产生兴趣了。它将会同其他的那些无名图像一样默默无闻，正如那些永远不会有人弹奏的糟糕的交响乐。

所以说，比起科学家，数学家是不是更接近艺术家呢？这么说的话好像也有点儿离题太远。但是这个问题只能用"是"或者"否"来回答吗？科学家寻找真相，有的时候也会在无意中发现美；艺术家寻找美，有的时候也会在无意中发现真相。而数学家们呢？看上去他们似乎时不时地会忘记这两者之间的差别，同时寻找真相和美。对他们来说，真相和美毫无区别。他们混合了真相与美、有用和无用、普通和不可思议，像是把所有的色彩都融入无限的数学画布之上。

数学家有时候也不知道自己在做什么。往往在数学家去世很久很久之后，他们创造出的数学才完全揭开了自己的秘密和真正的属性。毕达哥拉斯、婆罗摩笈多、花拉子米、塔尔塔利亚、韦达，还有其他所有创造了数学对象的学者们，他们一定想不到自己的数学在当今将会实现怎样的应用。而又或许，我们也依然猜不出这些数学在下个世纪将会实现怎样的应用。只有时间知道如何给出合适的距离，来欣赏数学创造所具有的真正价值。

结　语

好了，我们的故事讲完了。

至少，在最后的最后，我还能继续努力"抻一抻"，写一写 21 世纪初的故事。可是，然后呢？很显然，历史还没有结束，故事也没有结束。

从事科学研究的人，从第一天起就必须接受的一个事实是，对于一个学科，我们了解的越多，就会明白我们不了解的也越多。每一个问题的解答又催生了 10 个新问题。这场永无止境的游戏让人且喜且忧，且爱且恨。必须得承认的是，如果有一天我们变得全知全能，那么作为结果，我们一定会从快乐跌入失望的深渊，因为再也不能得到任何发现新事物的乐趣。但是，请不要害怕。幸运的是，毫无疑问，在数学领域，还有很大的探索空间，甚至比我们已经知道的那个区域还要大。

　　未来的数学将会是什么样子的？这个问题令人头晕。站在人类知识范围的前沿地带，举目四望，发现原来还有那么多未知的领域有待探索，这简直让人不想别的，只想"静静"！对于那些曾经品尝到"新发现"带来的兴奋感的人来说，毫无疑问，来自未知领域的呼唤比那些已经征服的领地更有吸引力。数学是如此迷人，而它还没有被人类驯服！远远看去，朦朦胧胧，那些疯狂的想法在人类无尽无知的大草原上恣意奔跑。有一些瑰丽的想法已经被我们猜到，但还有一些神秘感在"折磨"着我们的想象力，让人如痴如醉。另外一些想法看上去很近，我们可能会认为它们触手可及；其他的一些想法是如此遥远，将需要好几代人的努力才能接近它们。没有人知道在接下来的这个世纪当中，数学家们将会发现什么，但是我们可以放心大胆地猜测，那一定会是充满惊喜的发现。

　　现在是 2016 年 5 月，我在"文化沙龙与数学游戏"的小径上漫步，"文 & 数"是一年一度的集会活动，每年在巴黎市 6 区的圣叙尔皮斯广场举办。这是一个我特别喜欢的地方。在这里，会有魔术师跟你解释卡牌技巧——其秘密原来是基于算术学的属性；雕塑家在加工石料，他们作品的几何形状，灵感来自于柏拉图立体。还有一些发明家，他们制造了一些奇怪的木头机械，原来是计算器。再远一点的地方，我路过时看见几个人正在复制埃拉托斯特尼的实验，计算地球的半径。然后，我又碰见了几个折纸爱好者、智力游戏达人和书法发烧友。在帐篷之下是一幕小小的喜剧，混合了数学与天文学的知识，观众之中时不时地爆发出笑声。

所有这些人都在"搞数学"，所有这些人都在用他们自己的方式创造数学！杂耍变戏法的人会使用他自己的几何图形，这些图形对于那些伟大的科学家来说根本没有任何意趣，但是对于变戏法的人来说，这些图形是美丽的，而且那些在空中旋转跳跃的小球将会吸引过路人的眼光。

我相信，所有这些，比那些伟大学者的伟大发现更能令人感到快乐和愉悦。在数学中，总有一个虽然简单，但是却永不干涸的快乐与惊喜的源泉。在"沙龙"的参观者当中，我们发现有很多带着孩子来玩儿的家长，结果，慢慢地，家长们也参与到了游戏当中。爱数学，永远不晚。数学有着无穷无尽的潜力，能够成为一门具有节日气氛的、流行的学科。你无须成为一名数学天才，也能感受到探索和发现的快感和乐趣。

"搞数学"永远不需要太多的"准备"。如果你还想继续了解更多，那么翻过这一页，你会看到更多有趣的"扩展阅读"内容。你可以踏上自己的小路，按照自己的意愿，制造自己的口味。

　　毕竟，你所需要的，不过是一个大胆的猜测、足够的好奇心和一点点想象力。

扩展阅读

如果你想继续对数学的探索，以下信息可能会有所帮助。

博物馆与活动

"发现宫"（Palais de la découverte à Paris）的数学部门向大众提供集体活动、演讲和讨论会（www.palais-decouverte.fr）。如果有朝一日你去了那里，一定要去著名的"圆周率厅"转一转！同样在巴黎，"科学与工业城"（Cité des sciences et de l'industrie）中也有专门的数学展区（www.cite-sciences.fr）。

规模比较小的，还有位于里昂的"数学与信息科学之家"（Maison des maths et de l'informatique à Lyon；www.mmi-lyon.fr）；位于图卢兹附近小镇博蒙德洛马格——皮埃尔·德·费马的故乡——的"费马科学协会"（l'association Fermat Science；http://www.fermat-science.com）会定期举办活动；塞纳河畔维特里的科学博物馆（Exploradôme；www.exploradome.fr）；以及比利时卡尔尼翁的"数学之家"（Maison des maths；maisondesmaths.be）。

德国吉森市的"数学馆"（Mathematikum；www.mathematikum.de）和美国纽约市的"国家数学博物馆"（MoMaths；momath.org）是两个数学主题的博物馆。

所有这些机构都有着极强的互动性，在这些地方，你能够看到各种类型的实验和操作！

除了这些永久性的场馆，我们还应该提一提"节日性"活动，比如每年5月下旬在巴黎举办的"文化沙龙与数学游戏"（Salon Culture & Jeux Mathématiques；www.cijm.org）。每年10月的"科学节"（La fête de la Science；www.fetedelascience.fr）和每年3月的"数学周"（la Semaine des mathématiques）期间，全法境内会有各种各样的活动。一般情况下，"数学周"都会包含3月14日，因为这一天是"圆周率日"，是世界数学界的大联欢！

书籍

关于数学的图书，无论是从各种程度的科普性来说，还是从各种程度的专业性来说，都可谓汗牛充栋。下面这些只是一小部分推荐。

马丁·加德纳（Martin Gardner）于1956年到1981年间在《科学美国人》杂志中开设了一个数学专栏，他是"娱乐数学"的关键人物。在数学科普界，他的专栏集锦和其他关于数学魔术（谜题）的著作经常被大家引用。在经典著作中，我们还得提一提雅科夫·佩雷尔曼（Yakov Perelman）和他著名的《哦，数学！》（Oh, les maths！），以及雷蒙·史慕扬（Raymond Smullyan）和他的逻辑学著作，比如《让你疯狂的书》（Le livre qui rend fou）或者《这本书叫什么？》（Quel est le titre de ce livre？）

新晋的科普作者中，我推荐大家看一看伊恩·斯图尔特（Ian Stewart）的书，比如《我的数学宝物匣》（Mon cabinet de curiosités mathématiques）；马库斯·杜·索托伊（Marcus Du Sautoy）等人所著的《对称或者月光下的数学》（La symétrie ou les maths au clair de lune）；西蒙·辛格（Simon Singh）的《暗号的历史》（Histoire des codes secrets）以及《辛普森一家的数学》（Les Mathématiques des Simpson）。克

利福德·皮寇弗（Clifford A. Pickover）所著的《数学之书》（Le beau livre des math）展示了一个编年史全景，描绘出了数学历史上最光辉璀璨的成果。

在法国作家中，我们要推荐的是丹尼斯·盖迪（Denis Guedj），他出版了大量书籍，包括著名的历史数学推理小说《鹦鹉定理》（Le Théorème du perroquet）。让-保罗·德拉哈耶（Jean-Paul Delahaye）也是一位具有启发性的作家，作品包括《迷人的圆周率》（Le Fascinant Nombre π）和《了不起的素数》（Merveilleux nombres premiers）。

另外一种类型的著作，比如塞德里克·维拉尼（Cédric Villani）的《有生命的定理》（Théorème vivant）通过讲述一个定理的诞生，俯视当今数学研究的核心。

互联网

"数学影像"网站（images.math.cnrs.fr）会定期更新由数学家们撰写的关于当下的数学研究的科普文章。

千万不要错过 El Jj 的内容十分有趣"可口"的博客"宝塔花菜，乐芝牛奶酪与积分曲线"（eljjdx.canal-blog.com）。

数学家乔斯·莱斯（Jos Leys）、奥雷利安·阿尔瓦雷斯（Aurélien Alvarez）和艾蒂安·吉斯（Étienne Ghys）制作的影片《维度》（Dimensions）（http://www.dimensions-math.org）和《混沌》（Chaos）（www.chaos-math.org）将用美妙的动画带你进入四维空间和混沌理论的世界。

要了解更多信息，"科学视频"平台（videosciences.cafe-sciences.org）上聚集了 100 多个关于所有科学领域的频道。

英语的频道，包括"数字学"频道（Numberphile）以及维·哈特（Vi Hart）的视频。

你也可以在网上搜一搜数学研究者们的公益讲座视频。其中数学家艾蒂安·吉斯（Étienne Ghys）、时枝正（Tadashi Tokieda）和塞德里克·维拉尼（Cédric Villani）的讲座尤其出色有趣。

参考文献

以下是我在写作本书的时候查阅过的主要参考文献。请注意，有一些书籍可能是非常专业的。这份参考文献按照作者姓氏的首字母排列。

标　注	
按时代	按主题
A：古代	G：几何学
M：中世纪	N：数论 / 代数学
R：文艺复兴时期	P：数学分析 / 概率论
E：现代与当代	L：逻辑学
	S：其他科学

[EP] M. G. Agnesi, *Traités élémentaires de calcul différentiel et de calcul intégral*, Claude-Antoine Jombert Libraire, 1775.

D. J. Albers, G. L. Alexanderson et C. Reid, *International Mathematical Congresses, an illustrated history*, Springer-Verlag, 1987.

[AG] Archimède, *Œuvres d'Archimède avec un commentaire par F. Peyrard*, François Buisson Libraire-Éditeur, 1854.

[AL] Aristote, *Physique*, GF-Flammarion, 1999.

[EP] S. Banach et A. Tarski, *Sur la décomposition des ensembles de points en parties respectivement congruentes*, Fundamenta Mathematicae, 1924.

[E] B. Belhoste, *Paris savant*, Armand Colin, 2011.

[EP] J. Bernoulli, *L'Art de conjecturer*, Imprimerie G. Le Roy, 1801.

[G] J.-L. Brahem, *Histoires de géomètres et de géométrie*, Éditions le Pommier, 2011.

[MN] H. Bravo-Alfaro, *Les Mayas, un lien fort entre Maths et Astronomie*, Maths Express au carrefour des cultures, 2014.

[N] F. Cajori, *A History of Mathematical Notations*, The open court company, 1928.

[RN] G. Cardano, *The Rules of Algebra (Ars Magna)*, Dover publications, 1968.

[RN] L. Charbonneau, *Il y a 400 ans mourait sieur François Viète, seigneur de la Bigotière*, Bulletin AMQ, 2003.

[AG] K. Chemla, G. Shuchun, *Les Neuf Chapitres, le classique mathématique de la Chine ancienne et ses commentaires*, Dunod, 2005.

[AG] K. Chemla, *Mathématiques et culture, Une approche appuyée sur les sources chinoises les plus anciennes connues - La mathématique, les lieux et les temps*, CNRS Éditions. 2009.

[AG] M. Clagett, *Ancient Egyptian Science A Source Book*, American Philosophical Society, 1999.

[EG] R. Cluzel et J.-P. Robert, *Géométrie – Enseignement technique*, Librairie Delagrave, 1964.

Collectif - Department of Mathematics - North Dakota State University, *Mathematics Genealogy Project*, https://genealogy.math.ndsu. nodak.edu/, 2016.

[N] J. H. Conway et R. K. Guy, *The book of Numbers*, Springer, 1996.

[E] G.P. Curbera, *Mathematicians of the world, unite! : The International Congress of Mathematicians-A Human Endeavor*, CRC Press, 2009.

J.-P. Delahaye, *Le Fascinant Nombre π*, Pour la science - Belin, 2001.

A. Deledicq et collectif, *La Longue Histoire des nombres*, ACL - Les éditions du Kangourou, 2009.

[AG] A. Deledicq et F. Casiro, *Pythagore & Thalès*, ACL - Les éditions du Kangourou. 2009.

A. Deledicq, J. -C. Deledicq et F. Casiro, *Les Maths et la Plume*, ACL - Les éditions du Kangourou, 1996.

[M] A. Djebbar, *Bagdad, un foyer au carrefour des cultures*, Maths Express au carrefour des cultures, 2014.

[M] A. Djebbar, *Les Mathématiques arabes, L'âge d'or des sciences arabes* (collectif), Actes Sud - Institut du Monde Arabe, 2005.

[M] A. Djebbar, *Panorama des mathématiques arabes - La mathématiques, les lieux et les temps*, CNRS Édi- tions, 2009.

[A] D. W. Engels, *Alexander the Great and the Logistics of the Macedonian Army*, University of California Press, 1992.

[AG] Euclide, *Les Quinze Livres des Éléments géométriques d'Euclide*, Traduction par D. Henrion, Impri- merie Isaac Dedin, 1632.

[MN] L. Fibonacci, *Liber Abaci*, extraits traduits par A. Schärlig, https://www.bibnum. education.fr/sites/ default/files/texte_fibonacci. pdf

[ES] Galilée, *The Assayer*, traduction anglaise de S. Drake. http://www.princeton. edu/~hos/h291/assayer.htm

[MG] R. P. Gomez et collectif, *La Alhambra*, Epsilon, 1987.

[N] D. Guedj, *Zéro*, Pocket, 2008.

B. Hauchecorne et D. Surreau, *Des mathématiciens de A à Z*, Ellipses,1996.

B. Hauchecorne, *Les Mots & les Maths*, Ellipses, 2003.

[E] D. Hilbert, *Sur les problèmes futurs des mathématiques - Les 23 problèmes*, Éditions Jacques Gabay, 1990.

[EL] D. Hofstadter, *Gödel Esher Bach*, Dunod, 2000.

[AN] J. Høyrup, *L'Algèbre au temps de Babylone*, Vuibert - Adapt Snes, 2010.

[AN] J. Høyrup, *Les Origines - La mathématiques, les lieux et les temps*, CNRS Éditions, 2009.

[A] Jamblique, *Vie de Pythagore*, La roue à livres, 2011.

[N] M. Keith d'après E. Poe, *Near a Raven*, http://cadaeic.net/naraven.htm, 1995.

[MN] A. Keller, *Des devinettes mathématiques en Inde du Sud*, Maths Express au carrefour des cultures, 2014.

[MN] M. al-Khwārizmī, *Algebra*, traduction anglaise de Frederic Rosen, Oriental Translation Fund, 1831.

[A] D. Laërce, *Vie, doctrines et sentences des philosophes illustres*. GF-Flammarion. 1965.

[EP] M. Launay, *Urnes Interagissantes*,

Thèse de doctorat, Aix-Marseille Université, 2012.

[EG] B. Mandelbrot, *Les Objets fractals*, Champs Science, 2010.

S. Mehl, ChronoMath, chronologie et dictionnaire des mathématiques, http://serge.mehl.free.fr/

[M] M. Moyon, *Traduire les mathématiques en Andalus au XIIe siècle*, Maths Express au carrefour des cultures, 2014.

[EL] E. Nagel, J. R. Newman, K. Gödel et J.-Y. Girard, *Le Théorème de Gödel*, Points. 1997.

[RN] P. D. Napolitani, *La Renaissance italienne - La mathématiques, les lieux et les temps*, CNRS Éditions, 2009.

[ES] I. Newton, *Principes mathématiques de la philosophie naturelle*, Dunod, 2011.

M. du Sautoy, *La Symétrie ou les Maths au clair de lune*, Éditions Héloïse d'Ormesson, 2012.

[EP] B. Pascal, *Traité du triangle arithmétique*, Guillaume Desprez, 1665.

A. Peters, *Histoire mondiale synchronoptique*, Éditions académiques de Suisse - Bâle.

[AG] Platon, *Timée*, GF-Flammarion, 1999.

[MN] K. Plofker, *L'Inde ancienne et médiévale - La mathématiques, les lieux et les temps*, CNRS Éditions, 2009.

[E] H. Poincaré, *Science et Méthode*, Flammarion, 1908.

[EP] G. Pólya, *Sur quelques points de la théorie des probabilités*, Annales de l'Institut Henri Poincaré, 1930.

[AN] C. Proust, *Brève chronologie de l'histoire des mathématiques en Mésopotamie*, CultureMATH, http://culturemath.ens.fr/content/brève-chronologie-de-lhistoire-des-mathématiques-en-mésopotamie, 2006.

[AN] C. Proust, *Le Calcul sexagésimal en Mésopotamie*, CultureMATH, http://culturemath.ens.fr/content/le-calcul-sexagésimal-en-mésopotamie, 2005.

[AN] C. Proust, *Mathématiques en Mésopotamie*, Images des mathématiques, http://images.math.cnrs.fr/Mathematiques-en-Mesopotamie.html, 2014.

[A] Pythagore, *Les Vers d'or*, Éditions Adyar, 2009.

[EL] B. Russell et A. N. Whitehead, *Principia Mathematica*, Merchant Books, 2009.

[AN] D. Schmandt-Besserat, *From accounting to Writing*, in B. A. Rafoth et D. L. Rubin, *The Social Construction of Written Communication*, Ablex Publishing Co, Norwood, 1988.

[AN] D. Schmandt-Besserat, *The Evolution of Writing*, 作者个人网站 https://sites.utexas.edu/dsb/, 2014.

[RN] M. Serfati, *Le Secret et la Règle, La recherche de la vérité* (collectif), ACL - Les éditions du Kangourou, 1999.

[EL] R. Smullyan, *Les Théorèmes d'incomplétude de Gödel*, Dunod, 2000.

[EL] R. Smullyan, *Quel est le titre de ce livre ?*, Dunod, 1993.

[N] Stendhal, *Vie de Henry Brulard*, Folio classique, 1973.

[EL] A. Turing, *On computable numbers with an application to the entscheidungsproblem*, Proceedings of the London Mathematical Society, 1936.

[RN] F. Viète, *Introduction en l'art analytique*, Traduction en français par A. Vasset, 1630.